신 자산어보

서영상 저

발간사

최근 해양관측의 역사와 달리 해양생물 또는 수산생물 다양성분야의 조사 연구는 상대적으로 역사가 매우 짧다. 본격적인 연구는 생물다양성의 중요성이 인식된 후, 1992년 생물다양성협약(CBD)이 시작된 때부터 전 세계적으로 진행되고 있다.

그러나 우리나라에서는 약 200여 년 전 이미 수산생물에 대한 다양성 연구가 시작되었다. 다만, 너무 오래전이고 그 범위가 흑산도라고 하는 좁은 해역에 국한되어 있었기 때문에 그 과학적 성과를 간과하고 있었을 뿐이다.

1814년 손암 정약전은 흑산도 해역에 서식하는 어류, 무척추동물, 해조류 및 해산 현화식물인 해초류까지 224종의 다양한 수산 생물상을 기록하였던 「자산어보(玆山魚譜)」를 세상에 선보였다. 생물에 대한 섬세한 묘사와 과학적인 방법의 분류학적 접근, 그리고 이용 방법 등에 대한 내용을 다룬 이 책은 수산 · 해양생물 분야에 있어 매우 선구적인 책이라 할 수 있다.

그로부터 200여 년이 흐른 현재, 사진으로 생물의 형태를 남기고 광학현미경, 전자현미경, 그리고 DNA 기법 등을 통해 더 자세하게 생물 종을 분류할 수 있는 눈부신 과학기술과 수산생물을 다양하게 활용할 수 있는 기술이 함께 발달하였다.

따라서 정약전이 책 서문에 남겼던 "후세의 선비가 이를 수윤(修潤)하게 되면 이 책은 치병, 이용, 이치를 따지는……"이라는 말처럼 현재의 과학자들이 자산어보를 더욱 발전시킬 시기가 현재라고 생각하며 이 책을 발간하게 되었다.

이 책은 앞으로 흑산도 해역에 국한되지 않고 우리나라 전 해역, 넓게는 세계 해양생물의 다양성을 밝히고 이를 활용하는 연구의 발전에 디딤돌이 될 수 있으리라 생각한다.

이렇게 현재의 과학자들이 공들여 만든 「**新자산어보**」는 앞으로 200년 후 지금보다 발전된 과학의 세상에서 현재보다 더욱 훌륭한 책으로 재탄생하게 되리라 기대해 본다.

2015년 6월

대표저자 서영상

책을 시작하며

바다는 끝없는 변화가 일어나는 곳이며, 약 30억 년 전 생명이 잉태된 곳이자 모든 진화의 근원이 시작된 곳이다. 아마도 바다 깊은 곳, 사람의 손길이 닿지 않은 그곳에서는 아직도 새로운 생명이 잉태되고 자라며 진화가 이루어지고 있을지도 모른다.

바다는 그렇게 끝없는 변화를 가슴 깊이 품고 있지만, 과거를 현재까지 이어주기도 한다.

아직 진화의 물결을 타지 않은 생물이 발견될 때 과거를 되돌아볼 수 있다. 또한 새로운 해양 생물들을 바라보며 가까운 미래를 떠올려 볼 수도 있을 것이다.

바다에는 생물들과 생물들을 유지시키는 여러 가지 것들이 존재한다. 과거에서부터 현재까지 생물들과 이들을 유지시키는 것 사이에는 법칙이 생겨나고, 이 법칙을 발견하고 생물과 이들을 유지시키는 것 사이의 관계를 이해하고자 하는 학문이 생겨났다. 이것이 바로 현대의 해양학이다.

해양학이란 학문에는 수많은 가지들이 존재하고, 이 가지들은 또 가지를 쳐서 많은 종류의 세부 학문으로 발전하게 되었다. 하지만, 끝내 이 세부학문들도 하나의 줄기로 되돌아오기 마련이다. 어쩌면 해양학이라는 학문 자체가 요즘 유행하고 있는 '통섭'에 속하는 학문일 것이다.

그렇다면, 과거의 바다는 과연 어떠하였을까?

수백만 년 전, 수천 년 전의 바다를 상상하기란 매우 힘들지만, 가까운 과거에 대해 상상하기는 그리 어렵지 않을지도 모른다.

200년 전, 가까운 과거의 바다는 지금과 어떻게 달랐을까? 어쩌면 지금과 크게 다르지 않았을지도 모른다. 다만, 바다가 품고 있는 비밀을 밝히려 연구했던 방법은 어떻게 달랐을까?

그리고 그 결과를 조금 엿볼 수 있는 기회가 있다면 사람들은 얼마나 신기해하고 행복해할까?

다행히 200년 전 손암 정약전은 그 당시의 바다를 연구하였던 방법을 엿볼 수 있는 기회를 우리에게 주고 있다. 흑산도라고 하는 작은 섬 주변의 바다이긴 하지만 수많은 어류들이 도착하여 떠나는 바다였기 때문일까, 그가 전하고 연구한 200년 전 바다의 생물은 참으로 다양하기도 하다.

우리는 그가 남긴 해양학적 발자취인 「자산어보」를 따라 200년 전의 바다를 탐험해 보고 지금의 바다와 생물을 비교해 보고자 한다.

저자 일동

목차

발간사

책을 시작하며

제1장 정약전과 자산어보

1. 「자산어보」로 세상과 소통하다 ······ 10
2. 동생 정약용과 학문을 논하다 ······ 15
3. 실학의 과학적 정신을 녹여내다 ······ 17

제2장 자산어보의 학술적 가치

1. 최초의 종합 어류생태지 ······ 22
2. 과학자의 탐구정신 내포 ······ 23
3. 과학적인 생물 분류방법 ······ 24
4. 생태 기술법 ······ 27

제3장 21세기 흑산도 바다 - 新 자산어보

1. 흑산도의 사계 ······ 33
    - 1.1 흑산도의 봄 ······ 33
    - 1.2 흑산도의 여름 ······ 35
    - 1.3 흑산도의 가을 ······ 37
    - 1.4 흑산도의 겨울 ······ 39
2. 흑산도의 플랑크톤 ······ 41
    - 2.1 플랑크톤(plankton)이란 무엇인가 ······ 41
    - 2.2 플랑크톤의 구분 ······ 41
    - 2.3 흑산도의 플랑크톤 ······ 44

3. 흑산도의 저서생물 및 해조류 ………………………………… 48
3.1 저서생물의 채집 ………………………………… 48
3.2 자산어보의 저서생물 ………………………………… 49
3.3 2012년 및 2013년의 흑산도 저서생물 ………………………… 50
3.4 최근 조사 결과의 비교 (본 조사와 기존 조사) ………………… 57
3.5 흑산도 주변해역 저서동물 ………………………………… 57
3.6 흑산도의 저서생물과 해조류 ………………………………… 68
4. 흑산도의 어류 ………………………………… 103
4.1 뼈가 무른 물고기 (연골어류) ………………………… 109
4.2 뼈가 단단한 물고기 (경골어류) ………………………… 117

제4장 200년의 시간 - 과거, 현재 그리고 미래

1. 19세기와 21세기 자산어보 ………………………………… 206
1.1 자산어보에 기록되지 않은 생물 - 플랑크톤 ………………… 206
1.2 19세기와 21세기의 저서생물과 어류 ………………………… 209
1.3 현대의 과학으로 풀어본 흑산도 출현 어류 - 유전자 분석 … 222
2. 흑산도에서 세계로, 미래로 ………………………………… 225
2.1 맺는글(총론적 개념) ………………………………… 225
2.2 감사의 글 ………………………………… 226

참고문헌

제1장

정약전과 자산어보

1. 「자산어보」로 세상과 소통하다

정약전은 자산어보의 서문에서 본인의 저술 동기를 밝히고 있다.

자산의 해중어족은 매우 풍부하지만, 그러나 그 이름이 알려진 것은 적다. 마땅히 박물학자들은 살펴보아야 할 곳이다. 나는 섬사람들을 널리 만나 보았다. 그 목적은 어보를 만들고 싶어서였다.

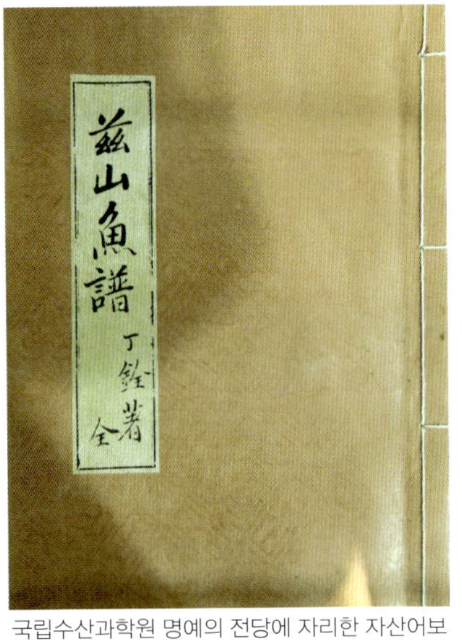

국립수산과학원 명예의 전당에 자리한 자산어보

즉, 정약전 본인은 흑산도의 수산자원이 풍부하고, 이름이 알려져 있는 것이 없기 때문에 어보를 만들고 싶었다고 밝히고 있는 것이다. 많은 책을 읽고 동생인 다산 정약용에 필적할 만한 지식을 가지고 있었음에도 불구하고 정약전은 동생과는 달리 저술에 힘쓰지 않았다. 그럼에도 그는 어보를 만들고 싶었던 것이다. 우리는 여기서 왜 정약전은 어보를 만들고 싶었을까에 대해서 생각해 볼 필요가 있다.

정약전이 살고 있던 조선 사회의 후반기인 18세기 말에서 19세기 초는 유학과 도학이 새로운 도전을 받던 시기였다. 하나는 현실의 사회문제로 관심을 전환시키는 '실학' 이며 다른 하나는 동아시아 사회에 밀어닥친 천주교 신앙과 서양의 과학기술을 내용으로 하는 '서학' 이었다. 우리나라에도 청나라를 통해 천문, 지리, 수학, 역법 같은 과학이론을 다룬 서학이 들어왔다. 그 예가 유클리드의 기하원론이다. 서학과 실학은 서로 연결되면서도 독자적으로 조선 후기 사회에 영향을 미쳤다.

정약전은 규장각에 근무하면서 테렌츠의 '기기도설(서양 물리학의 기초 개념 및 도르래의 원리 등이 실려 있는 책)' 과 왕징의 '제기도설' 을 읽고 공부한 바 있다. 그리고 형수(정약현의 아내)의 오빠였던 이벽을 통해 기하원론을 받아 익히게 될 뿐만 아니라 정약용과 함께 천주교리를 접하게 된다.

정약전의 사상을 알려면 그의 스승이었던 사람들을 살펴봐야 할 것이다. 정약전은 성호 이익의 제자인 녹암 권철신에게 사사했다. 성호 이익은 서양과학의 합리성과 정확성을 확고하게 인정하여 그

수용에 적극적인 입장을 보였다. 그러나 무조건적인 수용은 아니었으며, 장점만을 취하는 주체적 수용관을 가지고 있었다.

성호 이익은 "사(士)가 때를 얻지 못하면 농(農)으로 돌아가 위로 부모를 섬기고 아래로 처자를 기르는 데 힘쓰고, 또 그 지식은 후생을 가르치면 족하다."하여, 유학을 공부한 사람인데도 실학적인 사상을 가지고 있었을 뿐 아니라, 노동을 천시하던 사대부들과는 달리 노동을 중시하는 철학을 가지고 있었다. 또한 그는 지배층의 눈이 아니라 민중의 눈으로 세상을 보았고 그 결과 사회 개혁을 주장하고 불평등한 토지 문제, 신분 문제 등의 해결을 주창했다.

이러한 이익의 사상을 본받았던 정약전은 "사(士)가 때를 얻지 못하여 농(農)으로" 돌아갔으나 유배된 몸이라 부모를 섬기고 처자를 기르는 데 힘을 쓰지는 못했다. 그러나 훗날 흑산도에서 자산어보를 저술하고 서당을 만들어 후학을 양성한 것은 "지식은 후생을 가르치면 족하다."라고 했던 이익의 가르침을 본받았던 것으로 여겨지며, 바로 이것이 자산어보를 저술했던 첫 번째 이유였을 것이다.

정약전은 규장각에서 정약용과 함께 많은 학문을 접했던 것으로 보인다. 그러나 정쟁의 한가운데에서 동생 정약용과 함께 높은 자리에 올랐다면 어떻게 되었을까? 본인보다 먼저 과거에 급제하고, 벼슬길에 올라 정조와 가까이 지내며 학문을 발전시키고 있는 동생을 보며, 본인은 물러나는 게 좋다고 생각하지 않았을까 하는 생각을 해본다. 격변의 시대를 지나면서 정조의 반대편에 서서 정조를 따르는 정약용을 해하려던 무리들은 실제 정약전을 빌미로, 정치적으로 정약용뿐만 아니라 정조까지 힘들게 하였다.

정약전은 정조 22년 신헌조의 계책으로 벼슬에서 쫓겨나게 되었다. 일반적으로 가족이 벼슬에서 쫓겨나게 되면 다른 가족도 사직하는 것이 관례였다. 그런데 웬일인지 승정원에서 발행하던 아침신문(朝紙, 조지)에는 이런 내용의 언급이 없었다. 정약용은 그 사실을 모르고 평상시처럼 형조로 출근하게 됨으로써 당시 노 정약전 유배지론의 덫에 걸려들게 된 것이다. 이에 정약용은 분노하여 정조에게 상소를 올리게 된다.

정약전 유배지

아! 신의 처신은 짐짓 놔두고라도 신의 형은 참으로 무슨 죄가 있습니까? 그 죄는 오직 신과 같이 불초하고 볼품없는 자의 형이 된 때문일 것입니다. 전에 우리 전하께서 신을 꾸중하신 교지에 단지 "죄 없는 너의 형이 어찌하여 소장에 올랐겠느냐"라고만 기록하셨으니, 그때의 열 줄의 은혜로우신 말은 맑고 명백하기가 더할 나위 없었습니다.

이덕일 역사서 「정약용과 그의 형제들」 中

이처럼 정약전은 정약용을 해하기 위한 덫으로 사용되었다. 정약전 또한 그 사실을 몰랐을 리 없었을 것이다. 어쩌면 이러한 일련의 사건들은 정약전이 벼슬에 나가고자 하는 생각을 그만두게 하는 계기가 되었을 것이다. 이로 인해 오히려 정약전은 자연과 함께 하는 삶을 꿈꾸고, 자연으로 도피하여 인생을 마감하기를 바랐을지도 모른다.

정약전은 여러 가지 과학기술을 익힘과 동시에 받아들인 천주교가 본인의 집안에 커다란 피바람을 몰고 오리라는 상상을 하지 못했을 것이다. 본인이 가장 먼저 받아들이고, 이후 정약용과 마지막으로 자신의 동생이자 정약용의 형인 정약종이 천주교를 받아들이게 된다. 이후 천주교도라는 굴레는 정약용과 본인의 유배 원인이 되었고 끝내는 정약종의 죽음, 정약종 가족의 순교라는 결과를 가져오게 된다.

본인에서 시작된 천주교의 입문, 그리고 아꼈던 동생의 죽음과 가장 유망하리라 여겼던 동생과 헤어지게 된 유배에서 정약전은 무슨 생각을 하였을까?

흑산항 입구

흑산항 포구전경

흑산도는 정조 이후 순조 대신 수렴청정을 했던 대비 김 씨의 오라비 김귀주가 주상의 즉위를 방해했다는 이유로 유배를 당했던 곳으로, 정조에 대한 복수를 가장 힘이 없던 사람인 정약전을 그 도구로 흑산도에 유배 보냈다는 이야기가 전해지는 곳이다. 그러나 정약전에게 흑산도는 다시 세상과 소통할 수 있게 해 준 중요한 장소이다.

사실상 정약전은 어린 시절부터 유난히 물고기에 대한 관심이 많았던 것으로 보인다. 특히 태어난 곳은 '마재' 라는 곳으로 수량이 많아서 어족자원이 풍부했던 곳이다. 이곳에서 정약전은 다른 형제들과 더불어 낚시와 그물로 물고기를 잡는 것을 행복으로 여겼다.

> 정사년(1797) 여름, 나는 명례방에서 살고 있었다. 석류꽃이 갓 피어나고 보슬비가 말쑥하게 개니, 초촌에서 고기잡이하기에 맞춤한 때라는 생각이 들었다. 법에 벼슬하는 자는 임금께 고하지 않고서는 도성 문을 나설 수 없게 되어 있으나, 고하면 갈 수 없을 터라 그대로 초촌으로 갔다.
>
> 다음날 강을 가로질러 망을 던져 물고기를 잡았다. 크고 작은 물고기가 모두 50여 마리, 작은 배는 감당하지 못하여 겨우 물 밖으로 나왔다. 배를 옮겨 남자주에 대고는 즐겁게 배부르도록 먹었다.
>
> 손택수의 「바다를 품은 책 자산어보」 中

정약용의 글을 통해 정약용이 물고기 잡이를 얼마나 좋아했는지 알 수 있다. 이는 비단 정약용뿐만 아니라 그의 형 정약전에게도 당연한 것일 것이다.

> "물속에서도 단잠들을 깼나 보구먼."
>
> 은빛 물결이 예서제서 들썩거렸다. 기지개를 켜고 웃고 재잘거리는 소리가 들리는 것 같았다. 불현듯 약전은 이곳 강을 근거해 살아가는 생명체들의 면면이 궁금해졌다.
>
> 약전은 이곳 강에 서식하는 수생생물을 체계적으로 조사해 보고 싶다는 의중을 내비쳤다.
>
> "역시! 형님다우신 생각입니다."
>
> 어릴 적부터 유독 물고기에 관심을 보이던 형님이었다. 잡아온 물고기를 못물에 풀어놓고는 끼니도 잊은 채 즐겨 먹는 게 무엇인지, 어떤 특성을 지녔는지, 탐구에 열중할 때면 그 모습이 어찌나 경이롭던지, 형님의 수고를 조금이라도 덜어주고 싶은 마음에 수초와 자갈 따위를 퍼 날라다 준 적이 여러 번이었다.
>
> 김영주의 장편소설 「자산 정약전」 中

그렇다. 정약전은 그럴 수밖에 없었던 것이다.

네 형제 중에서도 정약전은 물고기를 특히 좋아했다. 그의 삶 자체가 물고기와의 인연으로 정리될 수 있을 정도다. 무슨 물고기 귀신이라도 씌었던 것일까. 자신은 의식하지 못했겠지만 물고기는 그의 전 생애를 가로지르는 하나의 운명이 되어 줄곧 그를 따라 다녔다.

개혁 군주로 나선 정조 대왕을 돕기 위해 뒤늦게 관직에 나선 뒤 반대파 정적들의 모함으로 유배되기 전까지 정약전의 삶엔 물고기 어(魚)자가 두 번 나오고, 어부 어(漁)자가 한 번 나온다. 주어사(走魚寺)와 어수문(魚水門)과 어옹(漁翁)이 그것이다.

주어사는 정약전이 관직에 나가기 전 재야 지식인들과 글공부를 하던 절이다. 불가에서 물고기는 수행자를 상징한다. 잘 때도 눈을 부릅뜨고 있는 물고기처럼 항상 졸지 말고 정신을 차려야 한다는 뜻이다.

...(중략)...

규장각은 정조 대왕이 꿈꾸던 개혁의 산실이었다. 정약전은 임금과 신하의 만남은 물과 물고기의 관계와 같아야 한다는 뜻의 규장각 어수문을 드나들면서 부조리한 세상을 향한 개혁의 꿈을 꾸었다.

...(중략)...

정약전이 유배살이를 하는 동안 학초는 알 수 없는 병에 걸려 죽음을 맞게 된다. 정약전은 채 꽃피지 못하고 죽어 간 아들의 자를 어옹이라고 지었다. 아마도 여기에는 모질디 모진 자신의 삶과는 다르게 세상 풍파를 잊고 고기 잡는 어부처럼 평화롭게 살아가길 원한 정약전의 바람이 반영되어 있는지도 모른다.

손택수의 「바다를 품은 책 자산어보」 中

어려서부터 동생들과 뛰놀던 곳이 물가였고, 장난치며 웃을 수 있었던 계기가 고기잡이였으며 본인의 생각을 읽었던 동생들이 펴 날라주던 물에서 물고기를 벗삼아 생태학자로서의 성품을 익혔던 것이다.

정약전의 생각을 읽을 수는 없지만 어쩌면 술로서 동생의 죽음을 위로하고 본인의 죄를 사죄하며 세상에 대한 원망을 바다에 흘려보내지는 않았을까 하고 짐작해 본다.

그러면서 눈을 돌려 본인보다 어렵지만 세상을 열심히 살아가는 섬사람들을 보며 이들을 위해 무엇을 할 수 있을 것인가를 생각하며, 세상과 소통하기 위해 자산어보를 썼을 것이다. 동생들과 함께 했던 마재 시절을 꿈꾸며, 본인이 가장 잘했고 그것을 응원했던 동생들을 생각하며 그렇게 한 글자

한 글자 적어나갔을 것이다.

누군가는 복수로, 누군가는 동생들과의 즐거웠던 옛일을 더듬으며 세상과 소통의 방법으로 살았던 흑산도와 그 곳에서의 삶을 생각해 본다.

2. 동생 정약용과 학문을 논하다

정약용은 경세유표, 목민심서 등 많은 저술을 남겼다. 그러나 형이었던 정약전은 그리 많은 저술을 하지 않았다. 현재 알려진 바로는 '송정사의' 와 '자산어보' 와 같이 백성들의 삶과 직접 연관이 있는 실용서가 있을 뿐이다. 그리고 동생 정약용의 질문에 답변하는 과정에서 쓰인 '논어난' 과 '자산역간' 정도가 정약전의 저서로 알려져 있다.

현재의 자산어보가 만들어질 때까지 정약전은 동생 정약용의 도움을 많이 받은 것으로 보인다. 그렇다면, 정약용은 학문에 있어 정약전의 스승이었을까?

흑산도 일출

아니었다. 그들은 누가 누구의 스승이었다기보다, 학문을 토론할 수 있는 동료이며 서로의 학문에 대한 조언자였다. 즉, 정약용에게 저서가 많다고 하여 정약전의 학문 세계가 좁다고는 할 수 없는 것이다.

실제 정약용은 본인이 저술을 하면서 많은 부분을 형인 정약전에게 의논했고, 또 의논을 통해 본인의 생각을 정리했다. 완료한 후에는 형에게 책을 보내 그 책에 대한 생각을 듣고자 했다.

「악서고존」을 완성했을 때 공(정약전)이 보시고는 "2천 년 동안의 긴 밤에 한 번 꾼 꿈처럼 이제야 대악의 혼이 돌아왔구나. 다만 양률과 음려는 마땅히 삼천과 양지에 그 짝이 되게 해야 한다... (중략) ... 약용이 공께서 말씀해주신 것을 조용히 생각해보니 정말로 확실하여 고칠 수 없는 것이어서 그때야 지난번의 원고를 없애버리고 모든 것을 공께서 말씀하신 대로 따랐더니 이에 「의례」의 '정현의 서'와 「주례」의 '고공기', 「주어」, 「좌전」에서 모든 의문스런 글이나 자주 착오를 느끼던 것이 완전히 다 묘하게 합치되어 털끝만큼도 어긋남이 없었다.
– 선중씨 묘지명

이덕일 역사서 「정약용과 그의 형제들」 中

이처럼 자신은 저술에 열심이지 않았지만 학문에 있어서는 정약용에게 뒤지지 않았기 때문에 정약용조차도 많은 부분을 의지하였다.

이러하였기에 정약전의 죽음으로 정약용의 탄식은 클 수밖에 없었다. 다산 정약용은 1816년 흑산도로부터 정약전의 부음을 받은 뒤, 두 아들에게 보낸 편지에서 형님의 죽음에 대한 슬픔과 더 이상 학문을 논할 사람이 없다는 안타까움에 대해 얘기한다.

6월 초 엿샛날은 나의 어지신 둘째 형님이 세상을 떠난 날이시다. 오호라! 현자가 그토록 곤궁하게 세상을 떠나시다니. 그 원통한 죽음 앞에서 목석도 눈물을 흘릴 텐데 다시 말해 무엇하랴! 외로운 이 세상이지만 다만 손암 선생이 계셔서 나의 지기였는데, 이제 그분마저 잃고 말았다. 이제부터는 비록 깨달은 바가 있다 하더라도 누구에게 말해 보리오. 사람이 자기를 알아주는 이가 없다면 죽느니만 못한 것이다...... (중략) ......경집 240책을 새로 장정하여 책상 위에 두었는데 나는 이 저술을 불살라야 한단 말인가.

이덕일 역사서 「정약용과 그의 형제들」 中

3. 실학의 과학적 정신을 녹여내다

정약전은 현재의 자산어보를 집필하고 있을 당시 이에 대해 동생 정약용에게 의논하였다. 정약용의 편지 내용을 살펴보면, 정약전은 당시 현대의 도감처럼 그림을 첨부하고자 하였던 것으로 보인다. 그러나 이러한 의도는 정약용과의 의논을 통해 철회되고 현재의 자산어보가 탄생되었다.

> 책을 저술하는 데 있어 한 가지 절대로 소홀히 해서는 안 되는 것이 있으니, 반드시 십분 유의하심이 어떻겠습니까? 「해족도설(海族圖說)」은 무척 기이한 책이니 이것을 하찮게 여겨서는 안 됩니다. 도형(圖形)은 어떻게 하시렵니까? 글로 쓰는 것이 그림을 그려 색칠하는 것보다 나을 것입니다. 학문의 종지(宗旨)에 대해 먼저 그 대강(大綱)을 정한 뒤 책을 저술하여야 유용해질 것입니다. 대체로 이 도리는 효제를 근본으로 삼고, 예악으로 꾸미고, 감형·재부·군려·형옥을 포함하고, 농포·의약·역상·산수·공작의 기술을 씨줄로 삼아야 완전해질 것입니다. 무릇 저술할 때는 항상 이 항목을 살펴야 하는데, 여기에서 벗어나는 것이라면 저작할 필요도 없습니다. 「해족도설」은 이런 항목으로 살펴볼 때 몇몇 연구가들에게 필요할 것이니 그 활용이 매우 절실합니다.
>
> 박석무 편역 「유배지에서 보낸 편지」 中

정약용의 편지를 보며 아쉬운 점은 왜 그림을 그려 넣는 것을 반대했을까 하는 점이다. 현대 과학자들이 정약전의 자산어보를 살펴보며 느끼는 아쉬운 점도 바로 이것일 것이다. 왜냐하면 조선시대 사용되었던 언어와 현재 사용되는 언어의 차이점뿐만 아니라 방언에 대한 문제가 겹쳐져 자산어보에 언급된 수산생물 중 일부는 그 정확한 명칭에 대한 혼란이 아직까지 존재하기 때문이다.

아마도 정약용은 흑산도 내에, 아니 그 시대에 생물에 대해 정확한 묘사를 할 만한 인물이 없었기 때문에 그림을 그려 넣는 것을 반대하였을지도 모른다.

정약전, 정약용 형제의 외가는 해남에 있었으며, 그 조상을 살펴보면 윤선도가 있었다. 외증조 윤두서가 당대 대표적 화가로서 사실적 화풍으로 인물화를 비롯하여 산수화, 풍속화 등에 걸작을 남겼다. 윤두서의 손자 윤용은 꽃, 나무, 새들을 그릴 때 섬세하게 살아 움직이는 사실적 기법으로 그렸으며, 특히 윤용이 나비나 잠자리를 그릴 때 그것을 잡아들고 수염과 털과 윤택의 미세한 부분까지 자세히 살펴서 그대로 닮도록 그리는 사실적 화법은 윤두서→윤덕희→윤용의 3대를 이어오면서 더욱 정밀하게 연마되었다.

정약용은 특히 해남에 가까운 강진 유배시절에 더욱 많은 서화를 감상하여 깊은 조예를 쌓아갔으며, 이러한 사실적 기법의 그림을 최고라 생각하고 있었다. 어쩌면 이러한 정약용의 생각으로 어설픈 그림이 들어간 책자보다는 차라리 글만 담긴 책자가 더 나으리라는 생각을 했을지도 모른다.

지금에 와서는 어쩌면 어설픈 그림이라도 있었으면 좋겠다는 생각을 해보지만, 사실적인 것을 추구했던 정약용과 정약전의 생각이 그 시대에는 가장 좋은 선택이었을 것이다. 자산어보를 살펴보면, 그림뿐만 아니라 동생 정약용의 생각을 반영한 부분이 많다는 것을 알 수 있다. 정약용은 책에 유학적인 면이 들어가야 비로소 책자를 저술하는 의미가 있다고 형 정약전에게 얘기하고 있다. 이는 실학자이자 유학자였던 정약전의 생각과 같았을 것이다. 그에 대한 두 가지 재미있는 얘기를 살펴보자.

상라봉에서 홍도쪽으로 바라본 일몰장면

홍어

큰 놈은 넓이가 6~7자 안팎으로 암놈은 크고 수놈은 작다. 모양은 연잎과 같고 빛은 검붉고, 코는 머리 부분에 자리하고 있으며 그 기부는 크고 끝이 뾰족하다. 입은 코 밑에 있고 머리와 배 사이에 일자형의 입이 있다. 등 뒤에 코가 있으며 코 뒤에 눈이 있다. 꼬리는 돼지꼬리 같다. 꼬리 중심부에 모지고 거친 가시가 있다. 수놈에는 양경이 있다. 그 양경이 곧 척추이다. 모양은 흰 칼과 같다. 그 양경 밑에는 알주머니가 있다. 두 날개에는 가는 가시가 있어 서암놈과 교미할 때에는 그 가시를 박고 교합한다. 암놈이 낚시 바늘을 물고 엎드릴 적에 수놈이 이에 붙어서 교합하다가 낚시를 끌어올리면 나란히 따라올라 오는데, 이때 암놈은 먹이 때문에 죽고 수컷은 간음 때문에 죽는다고 말할 수 있는 바, 음을 탐내는 자의 본보기가 될 만하다.

전복

들쥐가 전복을 엿보아 엎드려 있다가 전복의 꼬리로부터 등으로 오르는데 이때 전복은 쥐를 등에 업고 도주한다(쥐가 움직이면 전복은 웅크리기 때문에 달려도 떨어지지 않는다). 만약 전복이 먼저 알고 그 꼬리를 웅크릴 때 쥐는 크게 놀라기 때문에 눌러 붙기가 더욱 쉽다. 조수가 밀려오면 쥐는 물에 빠져 죽고 만다. 이것은 마침 사람을 해치려는 도적에게는 하나의 귀감이 될 것이다

홍어는 색을 밝히는 사람들에게 귀감이 되게 하기 위함이고, 전복의 예에서는 전복이 웅크릴 때 꼬리가 말려들어가 끝내는 물에 빠져 죽은 쥐를 빗대어 다른 사람을 해하는 사람에게 경고성의 메시지가 들어있다. 이 모든 것이 사람의 도리가 무엇인지에 대해 말함으로써 유학자로서의 면모를 드러내는 것이라 할 수 있다.

오징어

오징어의 살은 대단히 무르고 연하다. 알이 있다. 가운데에 있는 주머니에는 먹물이 가득 차 있다. 만일 적이 나타나 침범하면 그 먹물을 뿜어내어 주위를 가리는데, 그 먹으로 글씨를 쓰면 빛깔이 매우 윤기가 있다. 단 오래되면 벗겨져서 흔적이 없어진다. 그러나 다시 바닷물에 넣으면 먹의 흔적이 새로워진다고 한다. 등은 검붉고 반문이 있다. 맛은 감미로워 회나 마른 포 감으로 좋다. 그 뼈는 곧잘 상처를 아물게 하며 새 살을 만들어 낸다. 뼈는 또한 말이나 당나귀 등의 등창을 고친다. 이들의 등창은 오징어 뼈가 아니면 고치기 어렵다.

문어

맛은 달며, 전복과 비슷하여 회에 좋고 말려 먹어도 좋다. 배 안에 물체가 있는데 시속에서 부르기를 온돌이라고 한다. 이 온돌은 능히 종기를 고친다. 물에 개어 단독(丹毒-피부병의 일종)에 바르면 신통한 효과가 있다.

고래

고기를 쪄서 기름을 내면 기름 10여 독을 얻을 수 있으며, 눈은 잔을 만들고 수염은 자를 만들며, 그 등뼈는 잘라 절구를 만들 수 있다.

위의 글처럼 실학자로서의 모습은 자산어보에 서술된 수산생물들 대부분에서 느낄 수 있다. 즉, 생물의 모양새만 적어 놓은 것이 아니라 정약용이 편지에 당부했던 말처럼 유학적인 면, 실용적인 면을 모두 서술함으로써 이 책을 매우 쓰임새가 많은 책으로 만들어 놓은 것이다. 이 책이 당시에 널리 퍼질 수 있었다면, 당시의 연구가들뿐만 아니라 의학적인 면에서도 도움이 될 수 있었을 것으로 여겨진다.

제2장

자산어보의 학술적 가치

1. 최초의 종합 어류생태지

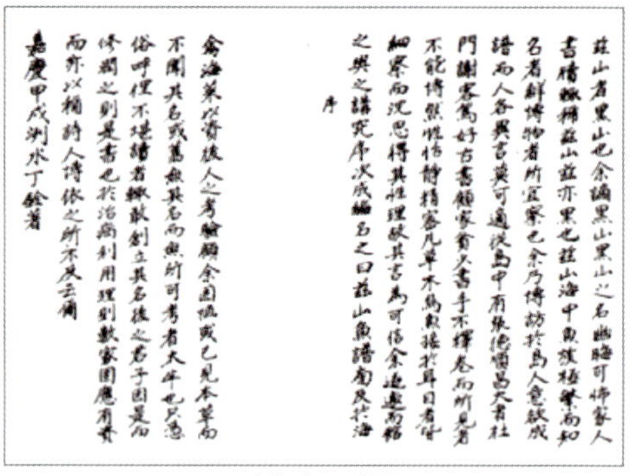

자산어보 서문

우리나라의 3대 어보는 자산 정약전이 유배지인 흑산도에서 1814년 집필한 '자산어보(玆山魚譜)', 1803년 김려의 '우해이어보(牛海異魚譜)', 1800년대 초경 풍석 서유구의 '전어지(佃漁志)'가 있다. 연도 상으로는 김려의 우해 이어보가 최초의 어보라고 할 수 있다. 이 책은 특이한 어류를 기록 대상으로 삼고 시작품인 '우산잡곡(牛山雜曲)'을 함께 수록하여 문예적인 취향을 가미하고 있다. 반면 자산어보는 여러 서적들을 동원하여 고증에 치중해서, 여러 사람들의 이용에 도움이 되는 박물학적 자료의 기록이라는 관점을 가지고 있다. 즉 자산어보는 현대적 관점에서 과학적 기술방법으로 저술한 첫 번째 어류생태지로서 그 가치가 있다고 할 수 있다.

자산 정약전의 자산어보는 현재 국립수산과학원의 초대 원장이었던 정문기 박사에 의해 번역본이 완성된 바 있다.

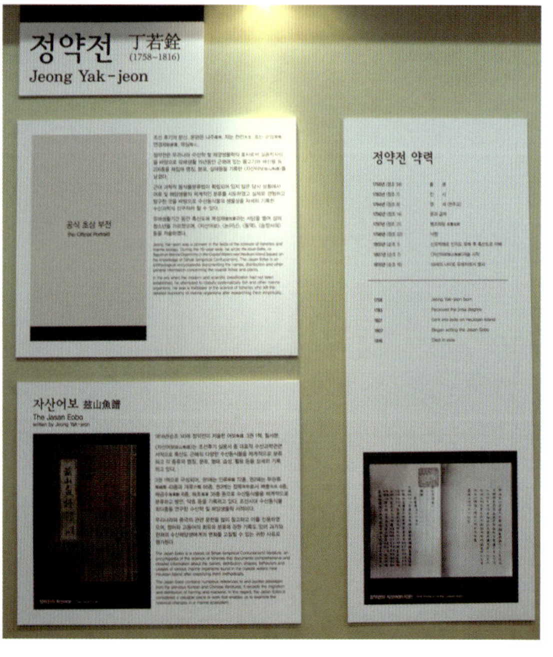

국립수산과학원 명예의 전당에 헌액된 정약전

2. 과학자의 탐구정신 내포

정약전은 현대 과학자가 논문을 쓸 때 사용하는 방법과 비슷하게 책 내용을 이끌고 있다.

자산어보를 살펴보면 본초강목, 동의보감, 박아, 강부, 마지, 정자통 등 수많은 책들을 언급하여, 본인이 살펴 본 생물에 대해 주석을 달아놓고 있다. 이는 현대 과학서적이나 논문에서 사용되는 기술 방법과 같다. 또 한 본인의 연구와 기존 기록 간의 비교를 통해 책의 내용을 더욱 충실히 한 점은 매우 현대적이라 할 수 있다.

> 본초강목에는 석수어를 말린 것을 상어(鯗魚)라고 했다. 능히 사람의 건강을 잘 보양하기 때문에 양(養)자에 따라서 상(鯗)자가 생겼다.
>
> 석수어 中 민어 부분 설명

> 〈박아(博雅)〉에는 석수어를 종(鯼)이라 했고, 〈강부(江賦)〉의 주(註)에는 종어의 별명을 석수어라고 쓰고 있는데, 정자통〈正字通〉에서는 석수어가 종이 아니라는 것을 분명히 밝히고 있다. 본초강목에서도 별도로 기재하여 두 가지로 나누고 있다. 살펴 알아둘 만한 일이다.
>
> 석수어 中 조기 부분 설명
>
> 정약전의 「자산어보」 中

국립수산과학원 명예의 전당에 자리한 자산어보

3. 과학적인 생물분류 방법

자산어보의 분류 기재는 매우 과학적이다. 우선 서식하는 장소와 쓰임새로 어류(魚類), 개류(介類), 잡류(雜類)로 나눈 것으로 보인다. 즉 유영생활을 하며 그물로 잡히는 것을 모두 어류로 보고 있으며 갯가의 암반에서 서식하는 생물 대부분을 게류로 그 외 생물을 잡류로 분류하고 있다. 이렇게 분류한 어류를 다시 비늘의 유무로 인류와 무린류로 나누고 있는 것이다.

우선 인류에 속하는 어류의 대부분은 현재의 과(科)에 속하는 어류로 분류한 후, 분류에 대한 간단한 기재를 한다. 이후 그 과에 속하면서 가장 대표적인 어류, 현재의 기준종(type species)이라고 할 수 있는 종에 대해 우선적으로 설명하고, 이후 설명되는 어류가 기준종과 어떻게 다르고 어떻게 비슷한지에 대해 설명하고 있다. 또는 과를 대표하는 물고기를 분류하고 그 아래에 여러 종류의 물고기에 대해 설명하고 있으며, 산란 및 형태에 대한 일반적인 설명도 하고 있다.

기름상어 : 큰 놈은 7~8자 정도로 몸이 길고 면이 둥글며 빛깔은 잿빛과 같다.

참상어 : 모양은 기름상어를 닮았다. 몸은 약간 짧고 머리는 넓죽하며 눈은 조금 크고 고깃살의 빛깔은 조금 붉그스레하다.

게상어 : 모양은 기름상어를 닮았으나 가시가 송곳 같다.

죽상어 : 기름상어와 마찬가지로 큰 놈은 여자 정도로 머리는 약간 크고 넓으며 입술은 조금 모가 나도록 크다.

줄상어 : 크기가 기름상어와 같고 등이 약간 넓으며 꼬리 위의 지느러미가 약간 깊숙하여 도랑처럼 보인다.

정약전의 「자산어보」 中

위의 상어에 대한 설명은 자산어보가 지향하는 분류학적 방법의 가장 기본적인 서술 방법으로 보인다. 자산어보에서 상어류의 기준 종은 기름상어라고 할 수 있다. 대부분의 상어를 일단은 기름상어와 비슷한 점과 다른 점으로 설명하고 이후 자세한 설명을 하고 있다. 물론 상어의 여러 종류를 설명할 때 "기름상어와 비슷하다."라는 서술이 없는 것도 있으나, 외형적으로 비슷하거나 성질이 비슷한 종류를 한데 묶어 분류한 것은 확실하다.

이 외에도 자산어보에서 분류하고 있는 어류의 분류 근거를 살펴보자.

석수어 : 민어를 닮았으며 이 종류에 들어있는 물고기는 모두 머리에 두 개의 돌이 들어 있다.

강항어 : 농어를 닮았으나 길이가 작다. 강항어에 속하는 물고기는 모두 돔 종류이다.

정약전의 「자산어보」 中

기준종인 도미는 농어와 비슷하고, 강항어에 속하는 다른 물고기는 모두 도미를 닮아 있다고 기술함으로써 강항어에 속하는 물고기들은 모두 농어와 비슷한 모양을 하고 있음을 시사하고 있다.

이후 모양의 특이점, 색깔, 길이, 출현시기, 가시의 강도 등으로 분류하였으며, 특이한 것은 맛으로도 분류를 하고 있다.

이렇게 분류되어 있는 것을 간단히 그림으로 살펴보면, 자산어보의 분류는 총 5개의 분류체계이나, 대부분은 4차까지 분류되어 있다. 오른쪽 그림에는 자산어보에 기술된 모든 생물이 들어가 있지는 않지만 분류체계를 쉽게 알 수 있으며, 자산어보의 분류체계가 매우 과학적이라는 것을 파악할 수 있다.

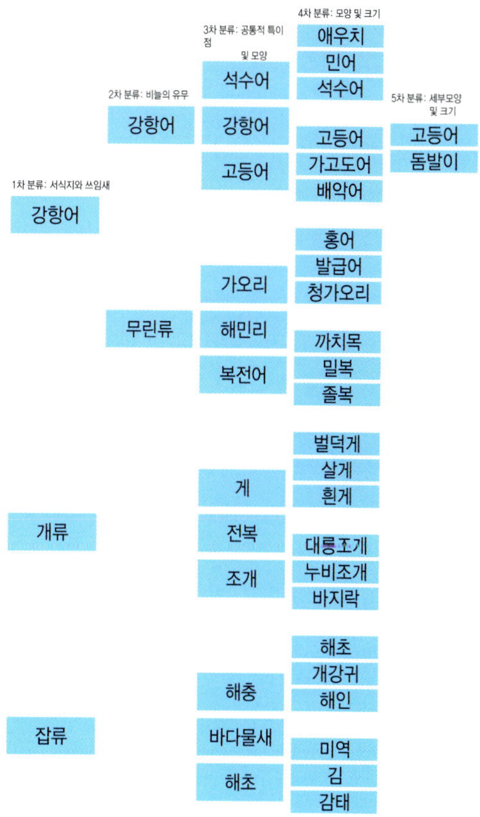

우선 서식지와 쓰임새에 따라 세 종류로 나누고 있다. 물속에서 헤엄치며 서식하면서 가장 유용하게 쓰일 수 있는 부류를 어류로 두고 이들을 기준으로 자산어보를 기술하였다. 그리고 딱딱한 껍질을 가지면서 바닷가 바위나 개펄에서 발견되고 어류 다음으로 쓰임새가 많은 것들을 게류로 분류하고 있다. 이 외에 쓰임새가 덜하거나 위의 두 분류군에 들어가 있지 않은 생물을 잡류로 놓고 마지막에 간단히 소개하고 있다.

1차 분류된 것 중 어류는 비늘이 있는 것(린류, 鱗類)과 비늘이 없는 것(무린류, 無鱗類)으로 나누었으며, 흑산도에서 가장 많이 잡히는 어종을 1차적으로 소개하고 있다. 즉 인류에서는 조기가 속해 있는 석수어를, 무린류에서는 홍어를 각 분류군의 처음으로 소개하고 있는 것이다.

청어 분류의 경우

자산어보에서 어류를 분류한 것 중 청어 부분은 현대의 과학적 지식으로도 상상력을 매우 자극하는 부분이다.

자산어보에서 청어는 청어, 묵을충암, 우동필, 관목청 등 총 4종류로 분류하고 있다. 1611년 허균에 의해 완성된 '도문대작' 에서도 청어를 4종류로 분류하고 있다. 청어는 이 종류에 속한 다른 어류들의 기준종이라고 할 수 있으며, 이들의 공통점은 빛깔이 푸르다는 점이다. 현재는 청어와 관목청이 모두 청어로 분류되어 있다. 관목청은 청어를 말릴 때 나무 꼬챙이를 이용했기 때문에 붙여진 이름으로 알려져 왔다. 자산어보에서도 청어를 말린 청어포 종류를 모두 관목청어라 부른다고 적혀 있다. 이것은 현재 유통되는 과메기이다. 그러나 자산어보에서 기술한 청어를 자세히 살펴보면 청어가 두 종류가 아닐까 하는 의문이 든다. 그 기준이 되는 부분은 다음과 같다.

> 창대의 말에 의하면 영남산 청어는 척추골 수가 74마디이고 호남산 청어는 척추골 수가 53마디라고 한다.
>
> 청어
>
> 정약전의「자산어보」中

정약전은 영남에서 잡히는 청어와 호남에서 잡히는 청어가 다른 종류일 수 있다는 점을 보여주고 있다. 일단 서식하는 지역과 해부학적인 차이를 들어 설명하고 있다.

청어에 대한 최근의 연구에서는 영남산 청어가 포함되는 동해산 청어의 척추골수는 51~56개의 범위로 평균 53개 정도이며, 호남산 청어가 포함되는 서해산은 50~55개의 범위로 평균 52개인 것으로 보고하였다.

일반적으로 어류의 척추골 수는 물의 밀도에 따라 차이가 난다. 북쪽의 차가운 물에 사는 어류는 척추골 수가 많고 남쪽의 따뜻한 물에 사는 물고기는 척추골 수가 적은 것으로 알려져 있다. 따라서 청어도 동해산의 척추골 수가 몇 마디 정도 더 많을 수 있으며, 이는 종의 차이가 아닌 산란장, 서식지의 물의 밀도 때문이라고 할 수 있다.

그렇다면 자산어보에서 기술한 영남산 74마디의 청어는 과연 무엇일까? 우선 푸른색을 띠고 청어와 비슷한 형태를 가지면서 영남지역에서 주로 어획되는 어류를 살펴보면 크게 꽁치와 까나리를 들 수 있다. 실제 청어의 어획량이 줄어들면서 꽁치가 청어 대신 과메기로 만들어져 왔다. 그러나 꽁치의 척추골 수는 62~68개로, 청어보다 길고 폭이 좁을 뿐만 아니라 자산어보에 따로 기술되어 있기 때문에 자산어보의 영남산 청어라고는 할 수 없을 것이다. 까나리는 척추골 수가 71~75개로 자산어보에 기술된 영남산 청어의 척추골 수와 가장 비슷하며 실제 까나리도 지푸라기로 엮어서 말려다는 점에서 자산어보의 영남산 청어가 아닐까 하는 추정을 조심스럽게 해본다.

그러나 1936년 '한국 연안 청어의 생태 및 번식'에 대한 보고를 보면 "분포는 동해지방과 황해지방으로 나누고 황해 방면의 청어는 동해 방면 청어의 일반류인 것으로 알고 있지만 현재 양자가 상호 왕래하는 것인지 혹은 황해 방면의 것은 독립하여 그곳에서 대를 반복하여 생활 번식하여 동해 방면의 것과는 직접 관계가 없는 것인지 확실히 판정할 자료가 없다."고 기재하고 있다. 또한 앞서 언급했던 가장 최근의 논문에서도 척추골 수의 차, 어장 간의 차이 등이 있기 때문에 이 두 개의 군은 서로 다른 계군일 것으로 추정하고 있다.

비록 자산어보에서 기술한 영남산 청어가 현재 정확히 무엇인지 알 수는 없으나 그 시대를 생각해 보고, 기술의 시작을 "창대의 말에 의하면……"이라고 시작하는 것으로 볼 때, 호남산 청어는 정확한 형태의 것을 잡아 척추골 수를 세어 확인했을 수 있으나, 영남산 청어는 거리상의 문제로 인한 직접적인 어획이 불가했을 것으로 생각해 볼 때 듣거나 자료를 통한 간접 기술로 인해 약간의 오차가 있었을 것으로 추정된다.

자산어보에 기술한 해역별 청어의 척추골 차이는 가장 최근 연구의 모티브가 되었으나, 이 연구에는 현대과학의 기술이 접목되어 있지 않은 아쉬움이 남아있다. 따라서 향후에는 유전자 분석 기법을 이용한 계군 연구를 통해 영남산 청어와 호남산 청어의 다름을 연구해야 할 필요성이 있겠다.

4. 생태 기술법

청어의 회유와 자원량 변동에 대한 설명

200년 전에는 현대과학처럼 물고기에 꼬리표를 달아 어디에서 어디로 이동하는가를 아는 방법은 없었을 것이다. 단지 각각의 해안에서 나타나는 시기를 전해 듣고 그것을 정리하였을 것이다. 그럼에도 그 설명은 매우 탁월하다고 할 수밖에 없다. 특히 청어의 회유에 대한 설명이 매우 자세하다.

곡우가 지난 뒤에 비로소 우이도에서 잡힌다. 이때부터 점차로 북으로 이동하여 6월이 되면 해서에 나타난다.

준치

정월이 되면 알을 낳기 위해 해안을 따라 떼를 지어 회유해 오는데, 이때의 청어 떼는 수억 마리가 대열을 이루어 오므로 바다를 덮을 지경이다. 석 달 동안 산란을 마치면 청어 떼들은 곧 물러간다. 그런 다음엔 길이 서너 치 정도의 청어 새끼가 그물에 잡힌다... 이 물고기는 동지 전에는 영남 좌도에 나타났다가 남해를 지나 해서로 들어간다. 서해에 들어온 청어 떼는 북으로 올라가 3월에는 해서에 나타난다. 해서에 나타난 청어는 남해의 청어에 비하면 배나 크다. 영남과 호남은 청어 떼의 회유의 성쇠가 서로 바꾸어진다고 한다.

청어

정약전의 「자산어보」 中

자산어보보다 약 200년 전에 쓰인 허균의 '도문대작' 에서 청어의 설명은 다음과 같다.

옛날에는 매우 흔했으나, 고려 말에는 쌀 한 되에 40마리밖에 주지 않았으므로, 목로가 시를 지어 그를 한탄하였으니, 즉 난리가 나고 나라가 황폐해져서 모든 물건이 부족하기 때문에 청어도 귀해진 것을 탄식한 것이다. 명종 이전만 해도 쌀 한말에 50마리였는데 지금은 전혀 잡히지 않으니 괴이하다.

청어는 분류학적 상상력뿐만 아니라 그 성쇠가 백성의 경제사정과 매우 밀접한 관계를 가졌기에 그 시기의 어획량을 통해 몇 백 년 내에 걸쳐 풍어기와 흉어기가 있지 않았을까 하는 상상력 또한 자극하는 참 재밌는 어류인 듯하다.

고등어의 회유에 대한 설명

현재 우리나라의 주요 먹거리 중 하나가 바로 고등어다. 지금은 2011년 3월 발생한 일본 원자력발전소 사고로 인한 방사능 유출로 2013년 12월 현재에도 문제가 되고 있는 어종 중에서 가장 민감한 어류가 바로 고등어일 것이다. 고등어는 한 수역에만 서식하는 어류가 아니며, 넓은 바다를 회유하는 특징을 가지고 있다. 1800년대 우리나라에서 주로 잡히고 있는 고등어는 제주도 인근, 추자도 부근과 흑산도 부근을 회유하였던 것으로 보이며 영남지방에서도 고등어의 출현을 알 수 있다.

추자도 여러 섬에서는 5월에 낚시에 걸리기 시작하여 7월에 자취를 감추며, 8~9월에 다시 나타난다. 흑산 바다에서는 6월에 낚시에 걸리기 시작하여 9월에 자취를 감춘다. 이 물고기는 낮에는 유영속도가 빨라 잡기 어렵다. 성질이 밝은 데를 좋아한다. 그러므로 불을 밝혀 밤에 낚는다... 병인 이후에는 해마다 줄어들어, 근래에는 자취를 감추었다고 한다. 요즈음 영남지방의 바다에서 새로이 이 물고기가 나타났다고 들었다. 그 이치를 알 수가 없다.

고등어

정약전의「자산어보」中

자산어보에서 설명한 고등어 회유 및 시기는 현대에서 밝혀진 회유로와 크게 다르지 않다. 과학이 발달하지 않았던 시기에도 고등어 회유의 경로, 시기에 대한 예상을 했던 것이다. 그러나 오늘날과 같이 우리나라뿐만 아니라 북서태평양에 걸친 고등어 회유는 예상하지 못했던 것 같다. 사실상, 고등어 회유만 보아도 한국, 중국, 일본, 러시아의 국제협력이 필요함을 느낄 수 있다.

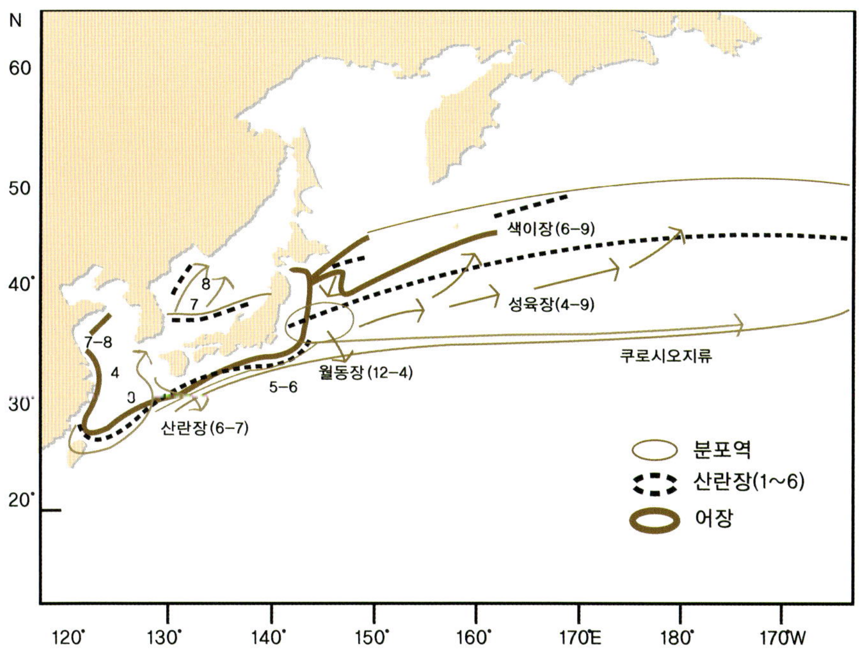

현재 우리나라 연안에서의 고등어 회유 경로

산란에 대한 설명

물고기가 산란을 하는 것은 본인이 물속으로 들어가 일일이 관찰을 하지 않고서는 쉽게 알 수 없다. 즉 물고기의 산란과정을 직접 보았기에 이러한 설명이 가능할 뿐만 아니라 산란시기의 많은 상어를 해부하고 그것에 대한 기록이 있었으며, 그것을 정리하였기에 아래와 같은 매우 간결한 설명이 가능했을 것이다.

> 상어
>
> 대체로 물고기가 알을 낳은 것은 암수의 교배에 의해서가 아니다. 수컷이 먼저 정액을 쏟으면 암컷은 이 액에 알을 낳아 수정 부화되어 새끼가 된다. 그런데 유독 상어만은 태생이다. 잉태에 일정한 시기가 없다는 것은 물속에 사는 생물로서는 특별한 예다. 수놈에는 밖으로 두 개의 콩팥이 있고, 암놈은 배에 두 개의 태가 있다. 태 속에는 또 각각 4~5개의 태가 있다. 이 태가 성숙해지면 새끼가 태어난다. 새끼상어의 가슴 아래에는 각기 하나의 태와 알이 있다. 크기는 수세미와 같다. 알이 없어지면서 태어난다. 알은 사람의 배꼽과같다. 그러므로 새끼 상어의 배 안에 있는 것은 알의 즙이다.

그렇다고 해서 정약전이 직접 물고기의 산란장면을 직접 목격하지는 못했을 것이다. 그것을 목격한 여러 사람으로부터 자료를 모아 정리하였다고 하는 것이 더욱 타당하다. 특별한 과학적 지식이나 도구 없이 연구자가 물고기의 생리 생태에 대해 연구하는 것은 매우 긴 시간이 필요하다. 그럼에도 불구하고 상어의 새끼가 태어나는 과정에 대해 자세한 설명을 하고 이와 비슷한 구조를 가지고 있는 홍어와도 비교 분석을 할 수 있는 능력은 대단한 것이라 할 수 있다.

제3장

21세기 흑산도 바다

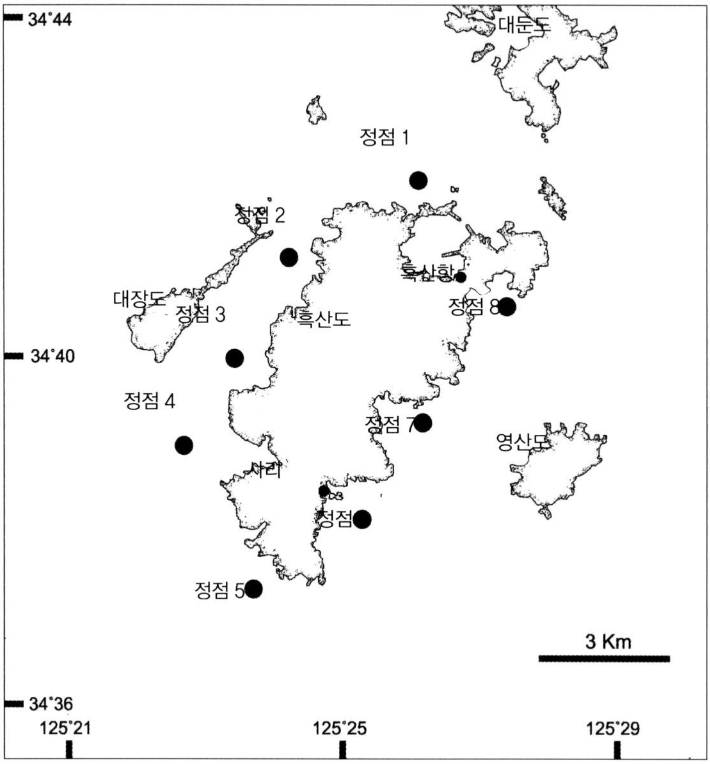

흑산도 주변 해역의 조사 정점

흑산도 바다의 환경을 200년 전과 비교하기는 여러가지 어려운 점이 있다. 자산어보와 비교함으로써 생물상의 차이는 알 수 있을지 모르나, 환경변화의 비교는 200년 전 자료의 부재로 비교하기가 힘든 실정이다.

열대, 아열대 해역에 서식하는 당멸치(본 책 119p.), 바리밴댕이(본 책 128p.), 투라치(본 책 132p.), 일지말락쏠치(본 책 139p), 열동가리돔(본 책 158p.), 민태(본 책 167p.), 노랑촉수(본 책 170p.), 독가시치(본 책 183p.), 꼬치고기(본 책 184p.), 샛돔(본 책 188p.), 동강연치(본 책 189p.), 별넙치(본 책 193p.)가 흑산도 해역에서 채집됨으로써 기후변화로 인해 200년 전에 비해 21세기인 현재가 수온이 올랐을 가능성이 있음을 추정할 수 있다.

이 책의 목적은 200년 전 흑산도의 생물상과 비교함에도 있지만, 200년 후 또는 그 이후의 연구자들에게 현재 생물상과 흑산도 바다의 환경변화를 전달하는 것도 하나의 목적이다. 이러한 전달은 향후 더 좋은 연구의 기본적인 자료로 사용됨으로써, 200년 전 정약전이 훗날 학자가 본인의 책을 계승 발전하기를 원했던 목적에도 부합한다고 할 수 있다.

1. 흑산도의 사계

1.1 흑산도의 봄

1.1.1 해양환경

해양관측위성인 NOAA 위성에서 관측한 2013년 5월 한반도 근해 수온(a)은 황해 북부 7~10℃, 황해 중부 10~12℃,황해 남부 12~15℃, 동중국해 15~20℃, 동해 남부 15~16℃, 동해 중부 10~15℃, 동해 북부 3~10℃의 분포를 나타내었다.

선박을 이용한 현장 관측에 따른 흑산도 주변 수심 30m까지의 수온(b)은 11℃, 염분(c)은 32.5 정도의 분포를 보였다.

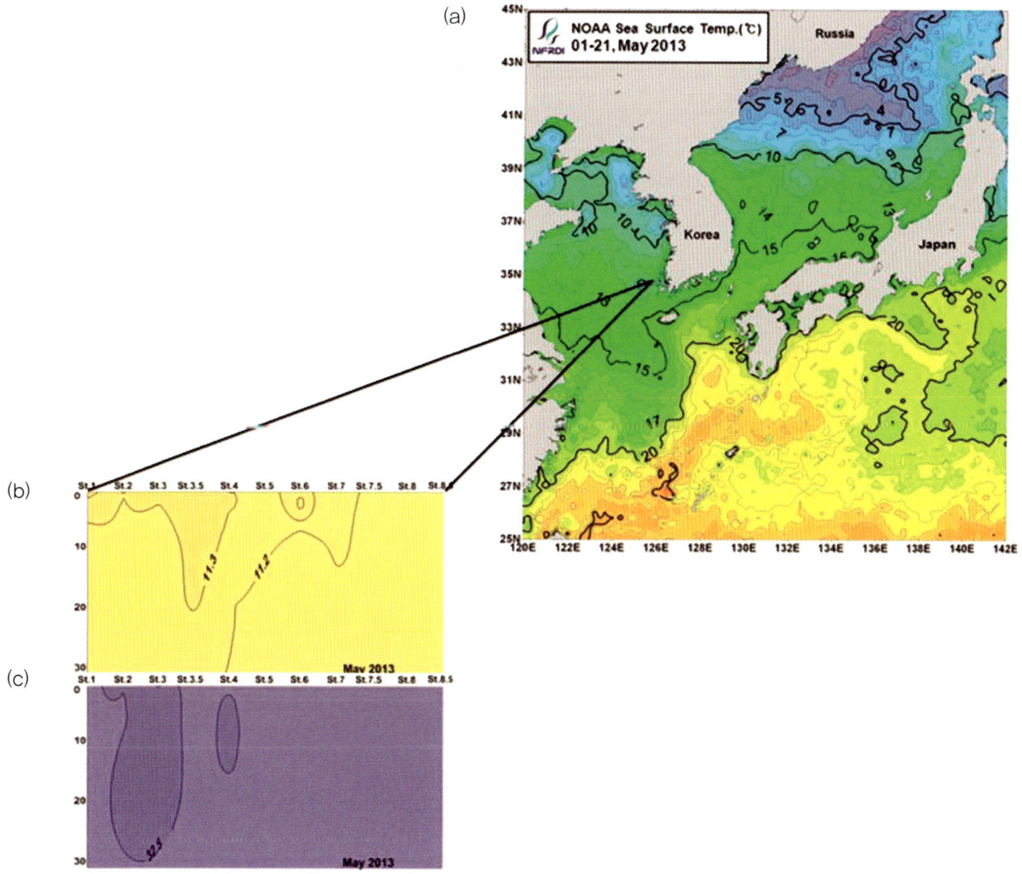

1.1.2 흑산도의 봄철 어류

봄철에 흑산도 주변해역에서 확인된 어류는 총 36종이며 가장 많이 출현한 어류는 볼락류로 6종(붉은쏨뱅이, 띠볼락, 황해볼락, 불볼락, 조피볼락, 일지말락쏠치)이 출현하였다. 다음으로는 참복과 어류가 3종(복섬, 흰점참복, 참복), 쥐노래미과, 망둑어과, 병어과 어류가 각각 2종씩 출현하였다. 36종의 어류 중에는 액젓으로 유명한 까나리(*Ammodytes personatus*)가 출현하였는데, 어류상 조사와 함께 수행한 난자치어 조사에서도 역시 까나리의 자어가 출현하였다. 까나리는 최근의 연구결과에 따르면 우리나라 남해와 서해 계군이 동해 계군과는 확연하게 차이가 있다고 알려져 있으며, 남해계군의 산란장은 정확히 파악이 되지 않고 있다. 하지만 본 조사에서는 흑산도 주변 해역에서 까나리의 자어가 출현함에 따라 흑산도 주변해역이 까나리의 산란장으로 이용되는 것으로 추정되어 앞으로 더 많은 연구가 필요하다. 더불어 흑산도의 산란장 기능에 대한 연구가 이루어져야 할 것으로 생각된다.

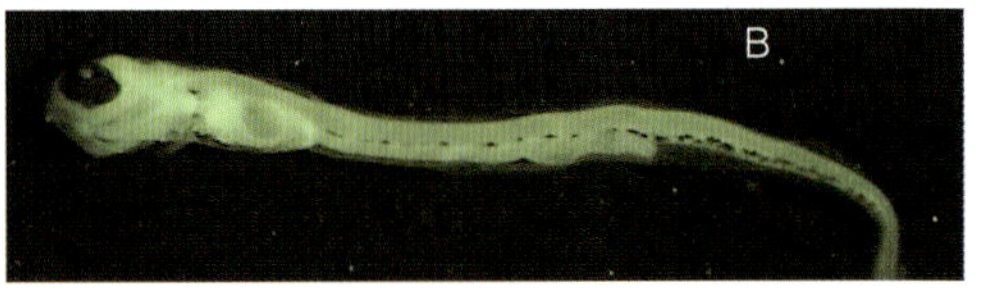

흑산도 주변해역에서 채집된 까나리(*Ammodytes personatus*). (A: 성어, B: 까나리 자어)

1.2 흑산도의 여름

1.2.1 해양환경

NOAA 위성에서 관측한 2012년 7월 한반도 근해 수온(a)은 황해 북부 20~25℃, 황해 중부 26~28℃, 황해 남부 28℃, 동중국해 28~29℃, 동해 남부 25~28℃, 동해 중부 25~27℃, 동해 북부 20~25℃의 분포를 나타내었다. 한편, 북한의 장산곶 연안과, 남한의 태안반도 연안 및 진도 연안에서는 강한조류(tidal current)에 의해 해수의 연직혼합으로 20℃ 내외의 냉수대가 발생하였으며, 주변해역에 조석전선(tidal front)이 형성되었다.

선박을 이용한 현장 관측에 따른 흑산도 주변의 수온(b)은 10m 표층에서 21~22℃, 10~20m 중층에서 20~21℃, 20~30m 저층에서 18~20℃의 분포를 보였다. 특히 흑산도 남부 사리 주변 정점 5~6을 중심으로 용승(upwelling)현상이 뚜렷하게 나타났다.

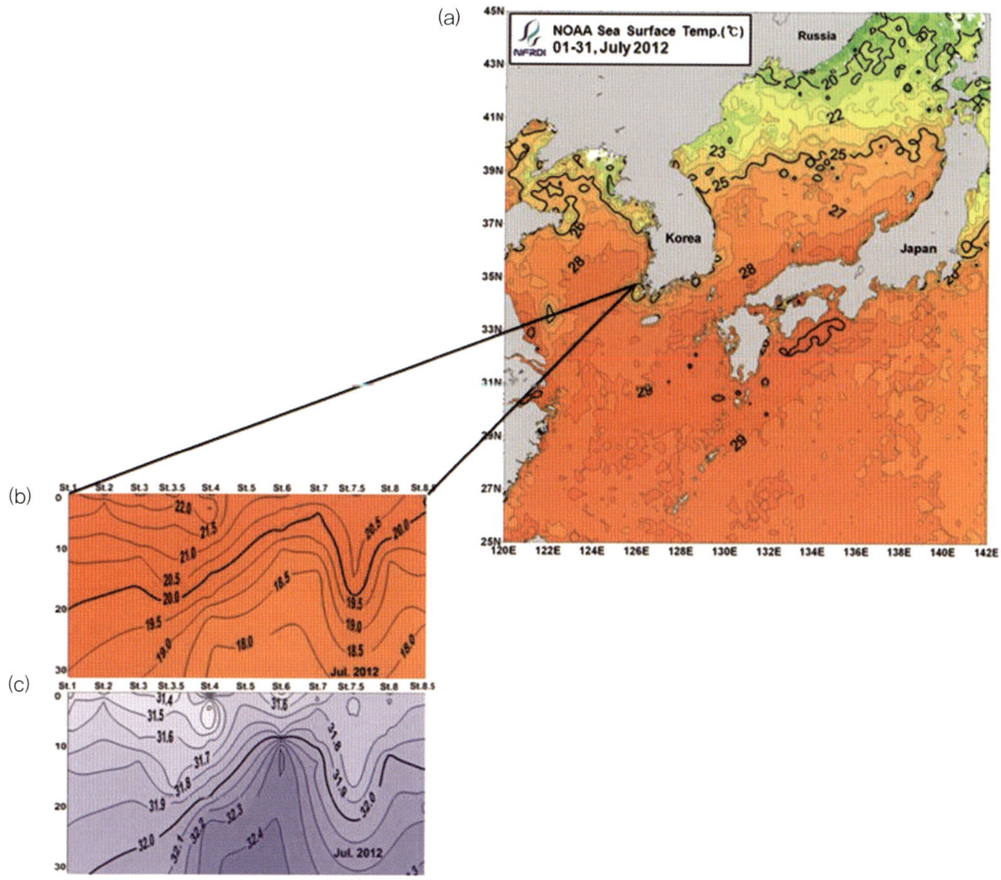

이런한 현상은 염분(c)분포에서도 동일하게 나타났으며, 수심 30m까지 31.4~32.4 범위의 분포를 보였다.

1.2.2 흑산도의 여름철 어류

여름철에는 조피볼락, 황해볼락, 띠볼락 등 볼락류(양볼락과)가 우점하고 있었으며, 총 30종의 어류가 채집되었다. 이 외에도 두툽상어, 붕장어, 멸치등이 출현하였다. 여름철에는 민달고기(*Zenopsis nebulsa*)가 어획되었는데, 이 어류는 자산어보에는 출현하지 않은 종으로, 수심이 깊은 곳에 서식하기 때문에 과거에는 어획되지 않았던 것으로 생각된다.

여름철 채집된 여러 물고기들(왼쪽)과 민달고기(오른쪽)

1.3 흑산도의 가을

1.3.1 해양환경

NOAA 위성에서 관측한 2012년 10월 한반도 근해 수온(a)은 황해 북부 18~19℃, 황해 중부 19~20℃, 황해 남부 18~22℃, 동중국해 20~24℃, 동해 남부 21~22℃, 동해 중부 18~20℃, 동해 북부 15~18℃의 분포를 나타내었다.

선박을 이용한 현장 관측에 따른 흑산도 주변의 수온(b)은 30m 수심까지 16.5~17.5℃ 내외의 분포를 보였다. 여름에는 표층과 저층의 수온이 크게 차이를 보이는 수온약층이 확연히 보였으나 가을에는 이러한 현상이 사라지는 것을 알 수 있다.

염분(c)은 32.2 정도로 정점 7~8을 제외하고, 균일하게 분포하였다.

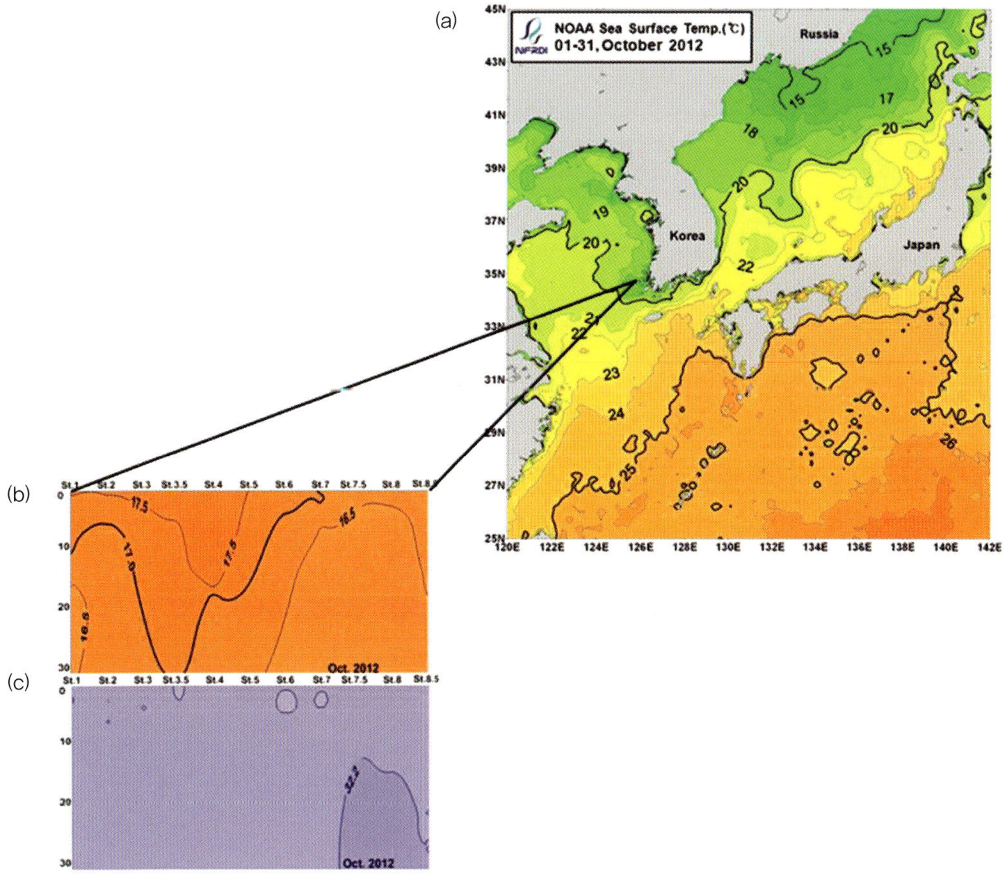

1.3.2 흑산도의 가을철 어류

가을철에는 홍어류, 가오리류, 멸치류, 청어류 그리고 민어류의 다양한 종들이 분포하고 있었다. 또한 4종의 상어(곱상어, 모조리상어, 까치상어, 두툽상어)를 포함하여 총 60종의 어류가 어획되어 가장 다양성이 높은 계절이었다.

열대 아열대에 서식하는 바리밴댕이(*Sardinella lemuru*)가 출현한 것이 특징이라 할 수 있다. 이 종은 2001년 한국어류학회지에 국내 미기록 종으로 처음 보고된 종이다. 이와 함께 아열대 해역에 주로 분포하며 국내에서는 남해와 동해에 출현 기록이 있었지만 흑산도에서는 처음 채집된 투라치(*Trachipterus ishikawae*)도 가을에 출현하였다.

투라치(위)와 바리밴댕이(아래)

1.4 흑산도의 겨울

1.4.1 해양환경

NOAA 위성에서 관측한 2013년 2월 한반도 근해수온(a)은 황해 북부 0~5℃, 황해 중부 5~8℃, 황해 남부 8~10℃, 동중국해 9~15℃, 동해 남부 10~13℃, 동해 중부 5~10℃, 동해 북부 0~5℃ 분포를 보였다.

선박을 이용한 현장 관측에 따른 흑산도 주변의 수온(b)은 30m 수심까지 표층과 저층수가 연직적으로 잘 혼합되어 있다. 대체로 서해는 강한 북서계절풍의 영향으로 겨울철에는 표층과 저층의 수괴 혼합이 활발히 이루어진다.

염분(c)은 32.2 정도로 수심 30m까지 비교적 균일하게 분포하였다.

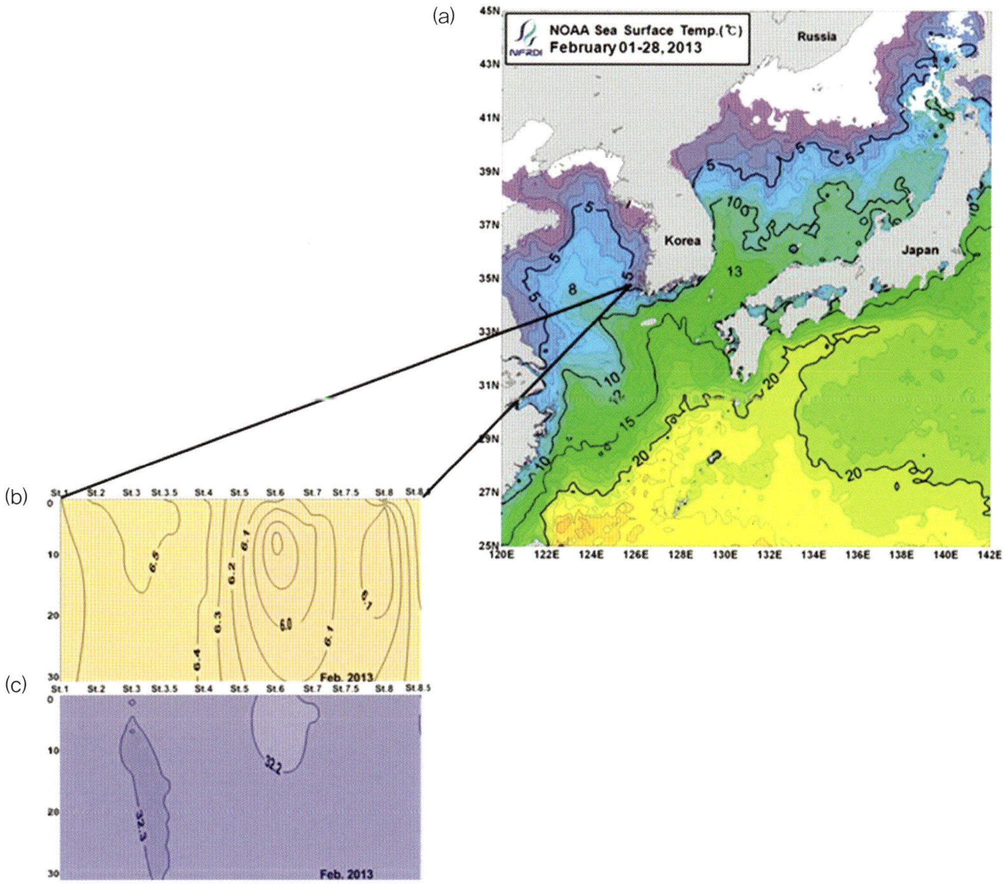

1.4.2 흑산도의 겨울철 어류

겨울철에는 총 30종의 어류가 확인되었다. 이 중에서는 멸치류가 4종(멸치, 반지, 싱어, 청멸)으로 가장 다양한 종이 출현하였다. 다음으로 민어류가 3종(눈강달이, 민태, 참조기)이 출현하였다. 30종의 어류 중에는 평소 잘 출현하지 않는 갯장어과의 갈창갯장어(*Muraenesox bagio*)가 포함되었다. 갈창갯장어는 흔히 '하모' 라고 불리는 갯장어와 매우 유사한 형태를 가지고 있어 흑산도에서는 갯장어와 혼용되어 사용될 가능성이 있다. 자산어보에 의하면", 입은 돼지같이 길고 이는 개와 같아서 고르지 못하다. 뼈가 더욱 견고하여 능히 사람을 물어 삼킨다."라고 하였다. 이는 갯장어과 어류의 형태와 유사하다. 하지만 아직 갈창갯장어에 대한 정확한 자원량 및 경제적인 가치에 대한 보고는 없기에 앞으로 많은 연구가 필요한 어종이다.

흑산도 주변해역에서 채집된 갈창갯장어(*Muraenesox bagio*, 전장 130cm)

2. 흑산도의 플랑크톤

2.1 플랑크톤(plankton)이란 무엇인가

플랑크톤(plankton)은 물에 떠 있거나 표류하는 생물체 모두를 통틀어 일컫는다. 1887년 헨젠이 처음 사용하였으며, '방황하다, 떠다니다, 목적 없이 헤메다' 라는 뜻의 고대 그리스어인 플랑크토스(planktos)에서 유래했다. 우리나라에서는 '부유생물(浮游生物)' 이라고 하며, 북한에서는 물에 떠서 살기 때문에 '떠살이생물' 이라고 부르고 있다. 여기서 물은 작은 연못, 작은 시내, 강, 호수, 그리고 바다가 모두 포함된다. 일시적으로 만들어진 작은 물구덩이에도 플랑크톤은 서식할 수 있다. 예를 들어 진흙탕, 화분물받이, 길가의 고인 물, 어항, 축축하면서 초록색으로 변한 담장, 베란다, 봄 · 가을에 물을 빼지 않은 수영장에도 플랑크톤이 서식할 수 있다. 다만 이런 곳은 소금기가 없는 민물, 즉 담수이기 때문에 담수성 플랑크톤만이 서식할 수 있는 것이다.

2.2 플랑크톤의 구분

플랑크톤을 구분하는 방법은 여러 가지가 있다. 우선 육상의 풀처럼 광합성을 통해 유기물을 합성하는 플랑크톤을 식물플랑크톤(phytoplankton)이라고 부른다. 이러한 식물플랑크톤을 주요 먹이원으로 이용하면서 때때로 자신보다 크기가 작은 동물을 잡아먹는 플랑크톤을 동물플랑크톤(zooplankton)이라고 한다.

플랑크톤을 구분하는 두 번째 방법은 살고 있는 수역에 따른 것이다. 강, 호수, 연못 등 민물에 서식하는 플랑크톤을 담수플랑크톤(freshwater plankton), 바다에 서식하는 플랑크톤을 해양플랑크톤(marine plankton)이라고 부른다. 크게 두 개의 서식 수역으로 나누어 분류하지만, 플랑크톤 학자들은 서식수역을 이보다 더 세분화해서 분류하여 사용한다. 예를 들어, 강과 바다의 중간 수역에 서식하는 플랑크톤은 기수플랑크톤, 대륙붕 밖의 먼 바다에 사는 외양플랑크톤, 대륙붕 위의 얕은 바다에 사는 연안플랑크톤으로 나누어 부른다.

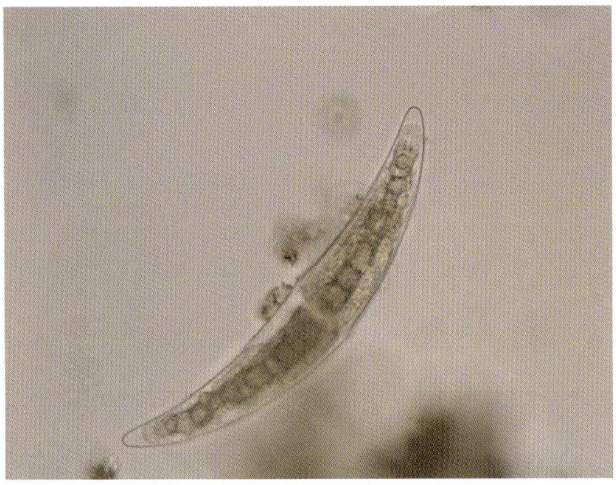
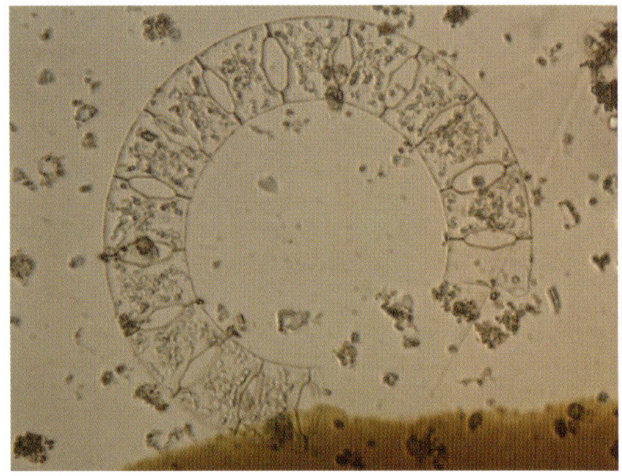

담수 식물플랑크톤인 반달말(*Closterium* sp.)과 해양 식물플랑크톤인 실패돌말(*Eucampia zoodiacus*)

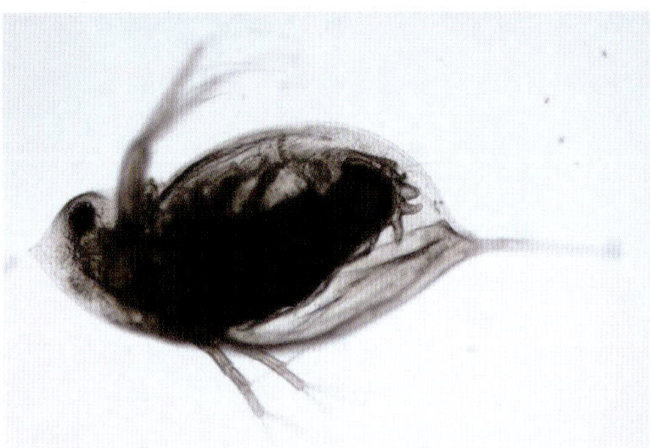

담수동물 플랑크톤인 물벼룩(*Daphnia galeata*)과 해양 동물플랑크톤인 요각류(*Acartia pacifica*)

플랑크톤을 구분하는 세 번째 방법은 크기에 따른 분류법이다. 플랑크톤은 크기가 매우 작다고 하여 극초미소 플랑크톤(0.02~0.2 μm)이라 불리는 바이러스에서부터 크기가 매우 커서 거대 플랑크톤(>20,000 μm)이라고 불리는 해파리까지 포함된다. 극초미소 플랑크톤과 거대플랑크톤 사이는 박테리아가 속하는 초미소 플랑크톤(0.2~2.0 μm), 작은 크기의 조류가 속하는 미소 플랑크톤(2.0~20 μm), 대부분의 식물플랑크톤과 작은 동물 플랑크톤이 속하는 소형 플랑크톤(20~200 μm), 대부분의 동물플랑크톤이 속하는 중형 플랑크톤(200~2,000 μm)과 화살벌레가 속하는 대형 플랑크톤(2,000~20,000 μm)으로 분류한다.

초미소 플랑크톤(Picoplankton) 0.2~2.0μm

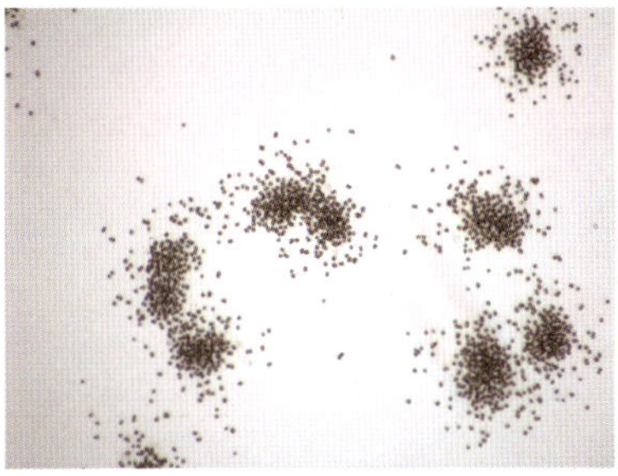

담수 식물플랑크톤(*Microcystis* sp.)
– 녹조의 원인 생물이기도 하다.

미소 플랑크톤(Nanoplankton) 2.0a

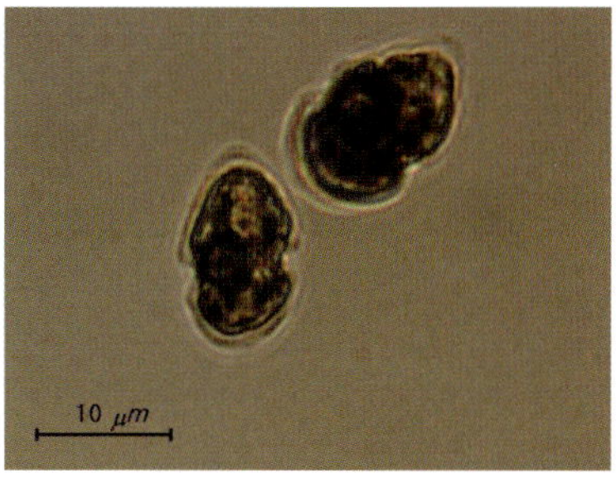

해양생태계에서 중요한 일차생산자의 역할을 수행한다.

소형 플랑크톤(Microplankton) 20~200μm

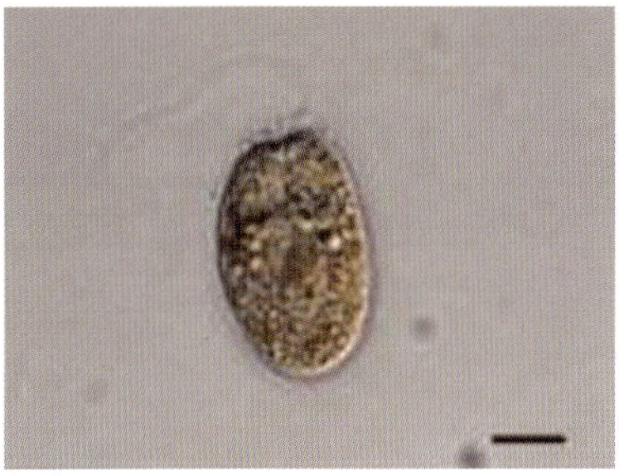

해양 식물플랑크톤(*Prorocentrum* sp.) – 적조의 원인생물이며 윗부분에 실처럼 보이는 편모로 이동할 수 있는 능력을 가지고 있다.

중형 플랑크톤(Mesoplankton) 200~2,000μm

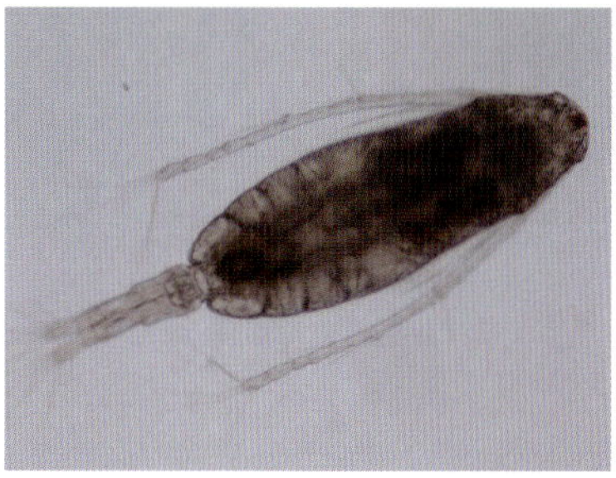

해양 동물플랑크톤(*Acartica hudsonica*) – 주요 수산자원의 초기먹이원으로 이용되는 중요한 먹이생물이다.

대형 플랑크톤(Macroplankton) 2,000~20,000μm

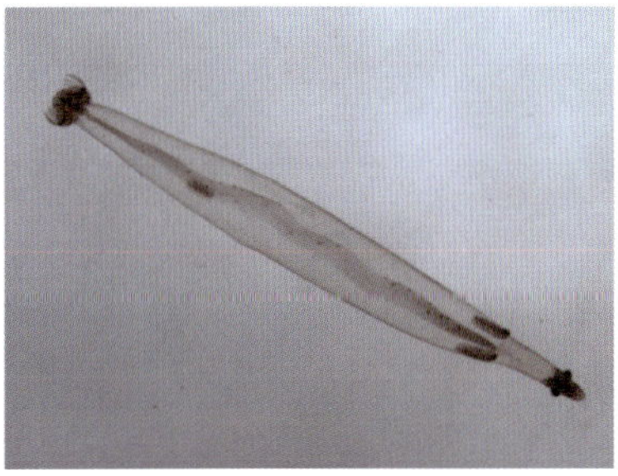

해양 동물플랑크톤(화살벌레, *Sagitta enflata*) – 난류의 세력 범위를 알 수 있게 해주는 수괴지 표종으로 활용된다.

거대 플랑크톤(Megaplankton) >20,000μm

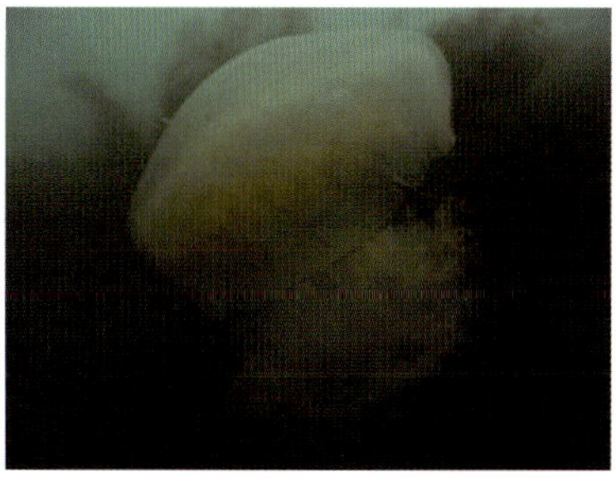

해양 동물플랑크톤(노무라입깃해파리) – 우리나라 연안에서 수산업적인 피해와 해수욕객 피해를 일으키는 원인이 되는 생물이다.

플랑크톤을 구분하는 네 번째 방법은 생활사에 따른 분류이다. 생활사 전체, 즉 사는 동안 내내 플랑크톤으로 살아가는 평생플랑크톤(holoplankton), 생활사의 어떤 기간에 한해서 부유생활을 하는 종류를 일시부유성 플랑크톤(meroplankton), 본래 부착성 미세 조류이지만 물리적 힘에 의해 부착환경에서 떨어져 나와 부유생활을 하는 종류를 임시 플랑크톤(tychopelagic plankton)이라고 부른다.

2.3 흑산도의 플랑크톤

이번 연구를 통해 흑산도 주변에서 발견된 플랑크톤은 식물플랑크톤 165종, 동물플랑크톤 41종이다.

식물플랑크톤 165종은 돌말류라고 불리는 규조류 130종과 편모가 있어 운동성을 가지는 와편모조류 28종을 포함하고 있다.

규조류는 식물플랑크톤의 80% 이상을 차지하기 때문에 가장 흔하게 발견되는 생물이다. 단세포 식물이며, 규소로 된 단단한 껍데기를 가지기 때문에 규조류라고 부른다. 껍데기는 위아래 두 개로 마치 뚜껑 있는 상자 같으며, 이를 테이프와 같은 기능을 하는 거들밴드(Girdle band)에 의해 붙어 있다(사진 *Coscinodiscus* sp. 참고). 규조류는 죽은 후 바닥에 가라앉아 귀중한 규조토의 원료가 된다. 흑산도에서 출현한 규조류 중 *Paralia sulcata*는 가장 빈번히 많이 나오는 식물플랑크톤이었다. 이 플랑크톤은 퇴적물 근처에 주로 서식하는 플랑크톤으로 표층에서는 일시적으로만 발견되는 특징

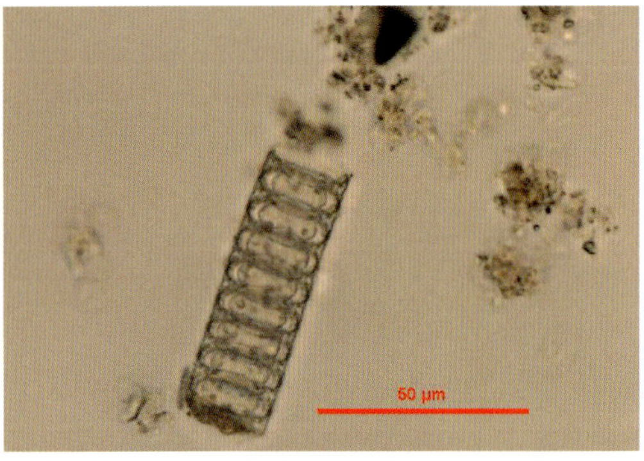

Paralia sulcata

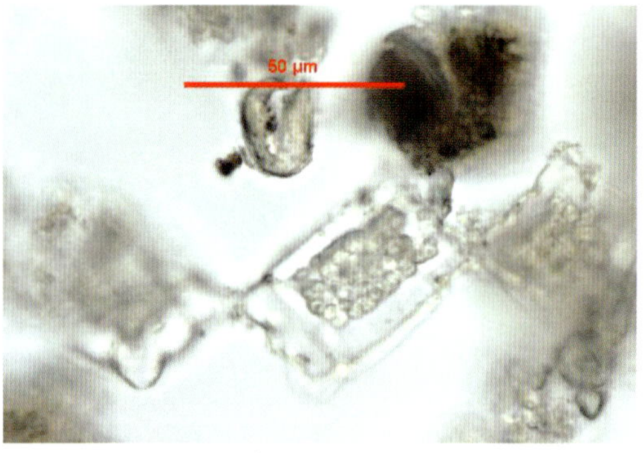

Odontella sp.

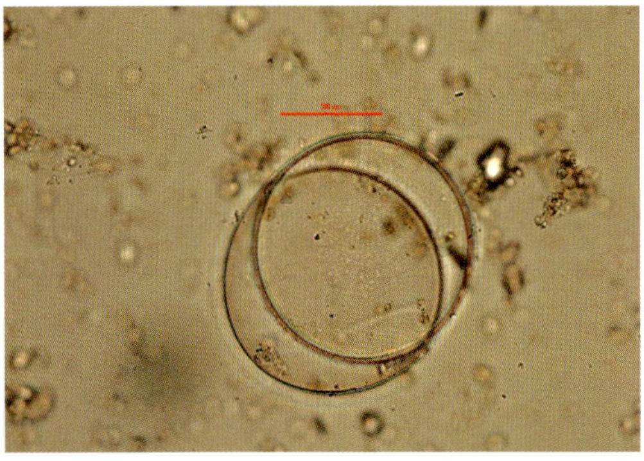

Coscinodiscus sp.

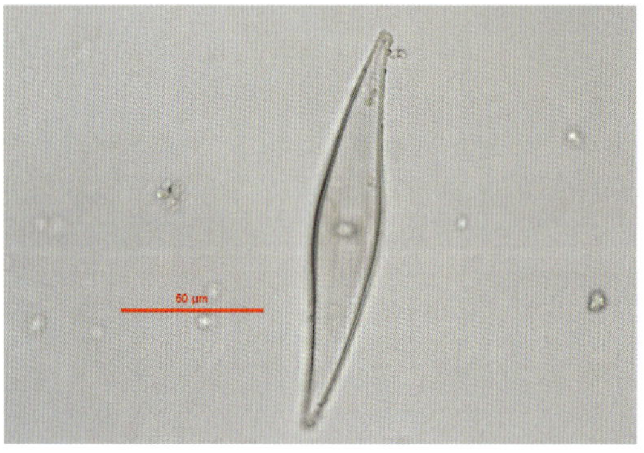

Pleurosigma sp.

흑산도 해역에 출현한 다양한 규조류의 모습

을 가지고 있는데, 흑산도에서는 4계절 내내 발견되었다. 이는 흑산도의 바다가 표층과 저층 물의 혼합이 매우 활발히 이루어지고 있는 것을 간접적으로 나타내는 것이다.

와편모조류는 머리카락처럼 생긴 두 개의 편모를 가지며, 이것을 움직여 이동할 수 있으나 그 움직임은 매우 미약하다. 와편모조류도 규조류처럼 단세포식물이지만 일부 와편모조류는 광합성을 할 수 없을 때는 다른 생물을 먹어 에너지를 만들기도 한다. 우리나라 연안에서 적조를 일으키는 가장 대표적인 생물군이다. 흑산도에서는 와편모조류가 총 28종 발견되었다.

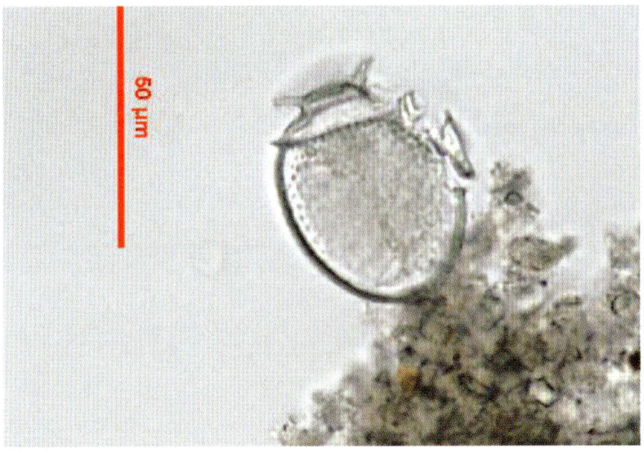

Dinophysis sp.

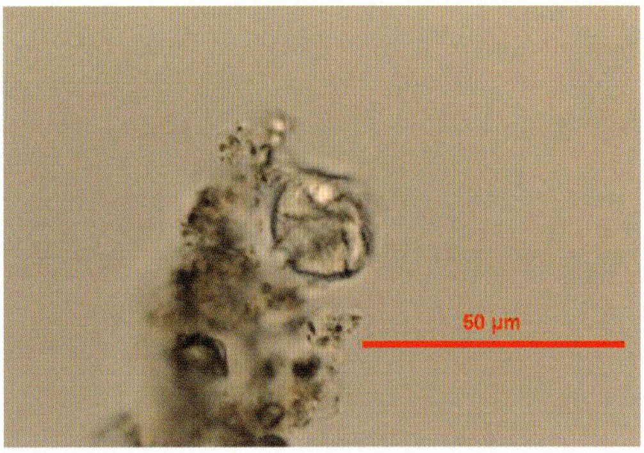

Gonyaulax sp.

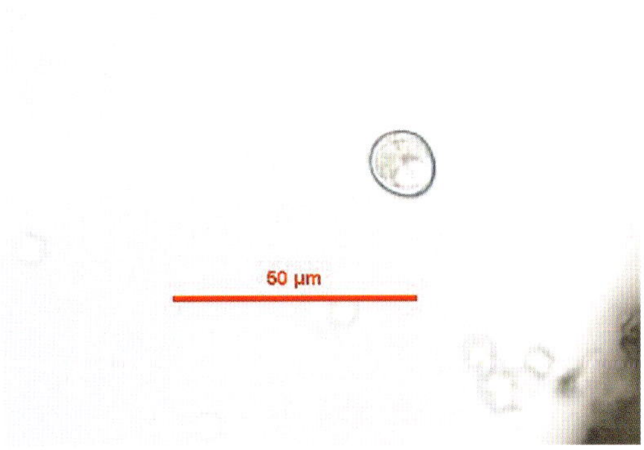

Prorocentrum sp.

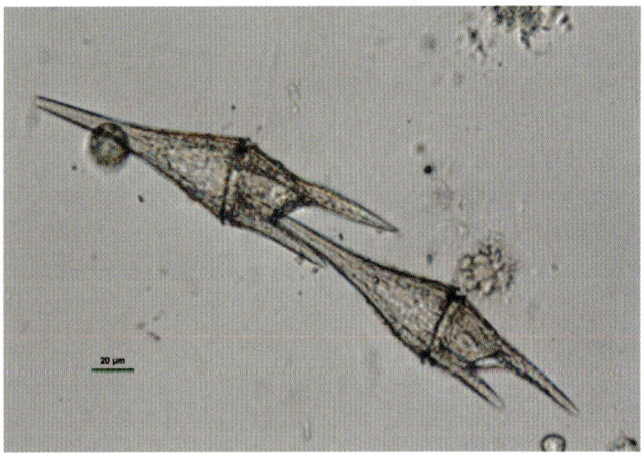

Ceratium furca

흑산도 해역에 출현한 다양한 와편모조류의 모습

동물플랑크톤은 1770년 노르웨이 중부에 위치한 한 항구도시 트론헤임에 살던 주교인 군네루스에 의해 동물플랑크톤 중 요각류를 관찰하여 모노쿨루스 핀마르키쿠스(*Monoclulus finmarchius*)라는 이름을 붙여 사용함으로서 분류학적인 연구가 시작되었다. 1776년 뮐러는 같은 종을 사이클롭스 론지코르니스(*Cyclops longicornis*)라고 이름을 붙였으며, 1819년 리치는 이 종을 칼라누스 핀마르키쿠스(*Calanus finmarchicus*)로 바꿔 불렀다. 이 플랑크톤은 가장 오래전에 발견되어 지금까지 가장 많이 연구되었다.

우리나라에서는 1906년 「동물학」에서 게의 유생과 익족류, 윤충류에 대한 소개를 함으로써 연구가 시작되었음을 알려주고 있다. 이 후 1950년 후반에 들어서서 그 연구가 점차적으로 진행되었다.

흑산도 해역에서 출현한 동물플랑크톤은 총 41종으로 동물플랑크톤 중 가장 흔하게 발견되는 요각류 22종, 그리고 유생류가 7종, 기타 동물플랑크톤이 12종이었다.

요각류는 동물플랑크톤 중에 가장 흔한 종류로서 노벌레라고 불리기도 하는데 발 모양이 노를 닮아서 붙여진 이름이다. 요각류유생의 운동능력은 크기가 치타 정도로 가정했을 때 시속 600km의 순간속도를 냄으로서 비행기의 속도와 비슷하다. 비록 크기가 작아 물속에서는 물의 흐름에 따라 움직이는 플랑크톤에 지나지 않지만, 그 운동능력은 크기에 비해 엄청난 것이라 할 수 있다.

화살벌레는 생긴 모습이 화살을 닮았고 헤엄칠 때도 마치 화살이 날아가듯 하다 하여 붙여진 이름이다. 턱 주변에 악모라고 하는 매우 단단한 갈고리 모양의 털로, 이것으로 먹이를 잡아먹는다.

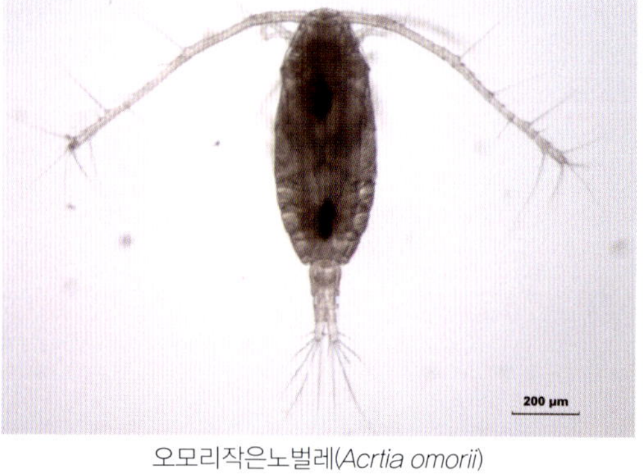

오모리작은노벌레(*Acrtia omorii*)

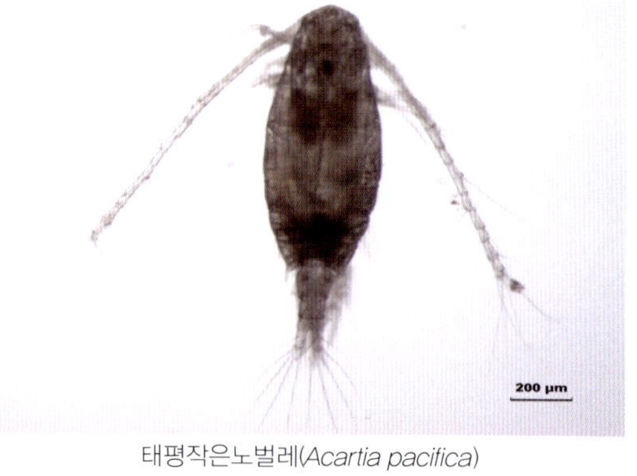

태평작은노벌레(*Acartia pacifica*)

허드슨작은노벌레(*Acartia hudsonica*)

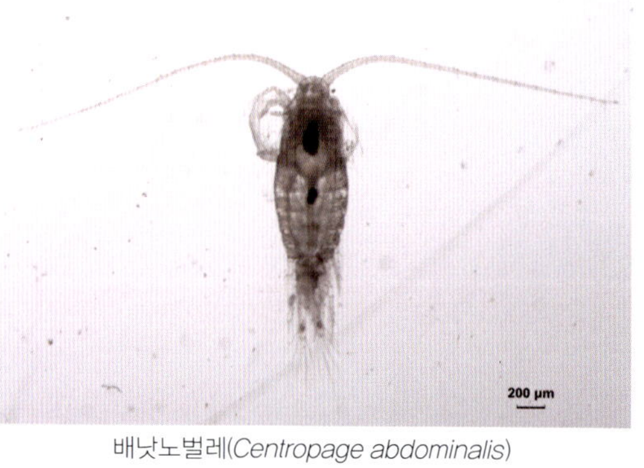

배낫노벌레(*Centropage abdominalis*)

흑산도 해역에 출현한 여러 가지 요각류의 모습

와편모조류처럼 편모를 가지고 있고 스스로 유기물을 만드는 능력이 부족해 다른 생물을 잡아먹어 영양분을 섭취하는 생물을 편모충류라고 하며, 가장 대표적인 것이 야광충이다. 흑산도에서 여름과 가을에 가장 많이 나타난 동물플랑크톤이다. 크기는 1mm 정도이니 물을 떠서 자세히 살펴보면 충분히 관찰이 가능하다. 야광충은 물리적 자극에 의해 빛을 내기 때문에 여름 밤바다에서 배가 지나가거나 바닷가에서 파도가 칠 때 반짝이는 빛을 볼 수 있다.

이 외에도 우렁쉥이(멍게)와 같은 척삭을 가지는 동물플랑크톤도 있다. 유형류, 미삭류라고 부르는 동물플랑크톤이며 마치 우렁쉥이의 유생처럼 보이지만, 같은 동물문(피낭동물문)에 속해도 엄격하게 다른 생물이다. 몸은 투명하고, 척삭과 뇌를 가지는 것이 특징이라 할 수 있다.

요각류, 화살벌레, 유형류 등 대부분의 동물플랑크톤이 사는 동안 부유생활을 하는 평생플랑크톤이다. 그러나 동물플랑크톤에 속하는 생물 중 일부는 갯지렁이, 조개, 따개비나 게와 같은 저서생물의 유생이다. 이 플랑크톤들은 생활사 중 일부가 부유하기 때문에 일시플랑크톤이라 부른다. 아래 오른쪽의 사진은 흑산도 주변에 서식하는 거미불가사리 유생으로 성체는 저서생활을 하지만, 유생 시기에는 부유생활을 한다.

화살벌레, 위쪽이 입이고 아래쪽이 꼬리부분

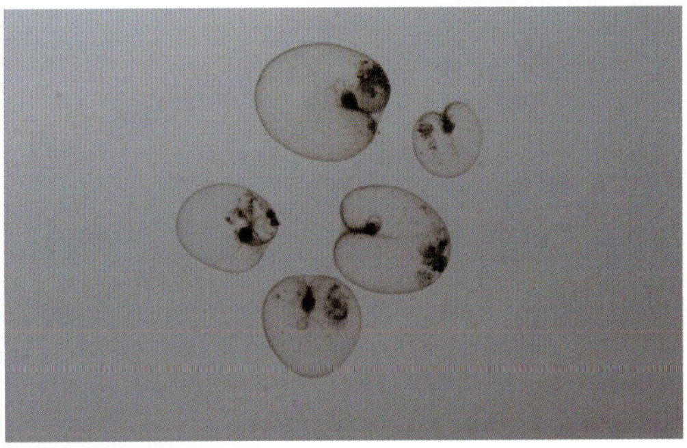

야광충(*Notiluca scintillans*)

유형류(*Appendicularia*)

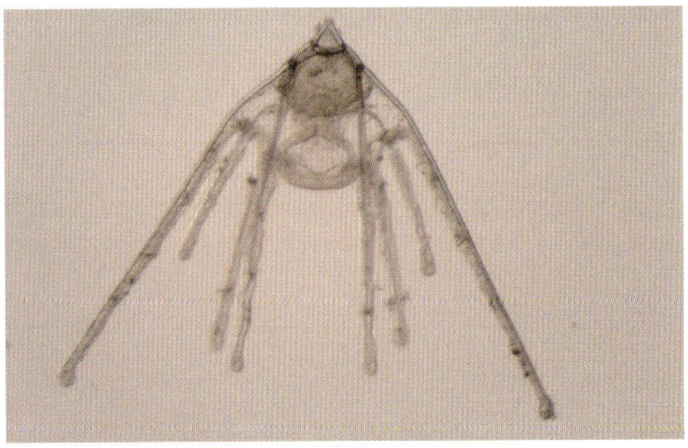

거미불가사리 유생

흑산도 해역에 출현한 요각류 외의 다른 동물플랑크톤의 모습

3. 흑산도의 저서생물 및 해조류

3.1 저서생물의 채집

저서생물은 살아가는 장소가 바위(자갈) 또는 펄-모래이냐 등에 따라서 이들을 채집하는 도구와 방법에 차이가 있다.

바위(또는 자갈)와 같이 딱딱한 고형물로 되어 있는 곳에서 살아가는 저서동물과 해조류는 비교적 사각형태의 방형구(quadrat)를 이용하는 것이 일반적이다. 사각형태를 이용하는 이유는 채집자가 설정한 단위 면적에서의 종수나 생물량(개체수와 생체량)을 알아보는 데 쉽게 할 목적이 있다. 반면 해안을 돌아다니면서 종수 또는 개체수를 눈으로 알아보는 정성적인 방법도 동시에 이용하고 있다.

펄과 모래로 되어 있는 해안의 경우에는 그랩(grab)이라고 하는 채니기 또는 코어(core)라는 기구를 이용한다. 이 방법은 방형구를 이용하는 것과 같이 비교적 정량적인 방법에 해당한다.

바위해안에서 방형구(quadrat)를 이용한 현장조사

펄-모래 퇴적물에서 채니기(그랩)를 이용한 현장조사 및 실험실 분석

펄-모래 퇴적물에서 코어를 이용한 현장조사

수중에서의 저서동물 및 해조류의 채집은 공통적으로 잠수용 수중호흡장치(SCUBA, Self-Contained Underwater Breathing Apparatus)를 이용한다.

저서동물 및 해조류의 채집에서 사진 또는 비디오 촬영 등의 방법으로 얻어진 영상물을 통해서 생물이 살고 있는 곳을 훼손하지 않거나 또는 생물 자체를 채집하지 않는 비파괴적 방법을 이용하기도 한다.

비파괴 기법인 수중촬영의 예(생물사진: 거북손 및 홍합)

3.2 자산어보의 저서생물

정약전이 저술한 자산어보에서 무척추동물(이하 저서동물)과 식물(이하 해조류)을 포함하는 저서생물은 총 115종이다. 이 가운데 저서동물은 81종이, 해조류는 34종이 소개되고 있다. 그러나 81종의 저서동물 중에서는 혼용종(동일한 종을 2개의 종으로 구분하여 기술한 종)과 중복종(서로 다른 종을 1개의 동일종으로 기술한 종)으로 설명이 가능한 종으로 구분하면 총 82종이 기술되는 것으로 파악할 수 있다. 따라서 전체 출현 종수는 116종으로 고려할 수 있다.

자산어보의 저서동물은 조개류, 고둥류, 두족류 및 다판류를 포함하고 있는 연체동물이 48종으로 가장 다양하였고, 게류, 집게류, 새우류, 만각류, 등각류 및 단각류 등의 절지동물은 23종이 서술되고 있다. 다음으로 극피동물(성게류, 불가사리류, 거미불가사리류 및 해삼류)과 자포동물(해파리류 및 산호류)이 각각 5종과 3종이, 이 밖에 척삭동물(미더덕류)과 환형동물(갯지렁이류)은 공통적으로 1종이 기록되어 있다.

3.3 2012년 및 2013년의 흑산도 저서생물

흑산도 주변해역에서 2개년(2012년 하계, 추계 및 2013년 동계, 춘계)에 걸쳐 실시된 조사에서 출현한 저서생물은 총 362종이었다. 이 가운데 저서동물은 300종이 출현하였고, 해조류는 62종이 채집되었다. 해산현화식물은 채집되지 않았다.

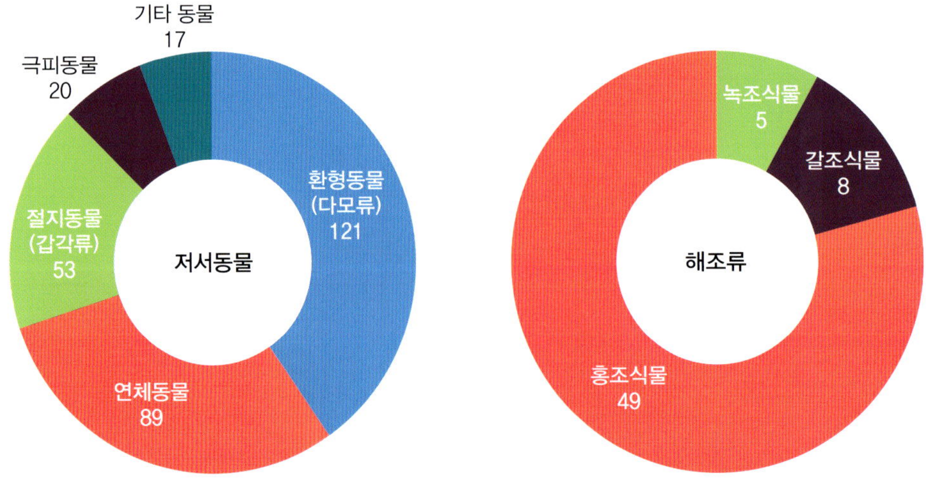

3.3.1 펄-모래 저서동물

흑산도 주변해역의 펄-모래 퇴적물에서 서식하고 있는 저서동물은 총 221종이었고, 개체수는 단위면적당($1m^2$) 2,718개체가 출현하였다. 이 가운데 출현 종수와 밀도는 환형동물의 갯지렁이류가 각각 48%와 80%를 차지하여 가장 다양하였고, 많았다.

출현 종수는 조사시기별로 113~139종/$2m^2$의 범위에 여름에 가장 적었고, 가을에 가장 많았다. 조사정점별로 평균 30종이 출현한 가운데 양식장이 입지하고 있는 정점 1과 2에서 가장 다양하였다.

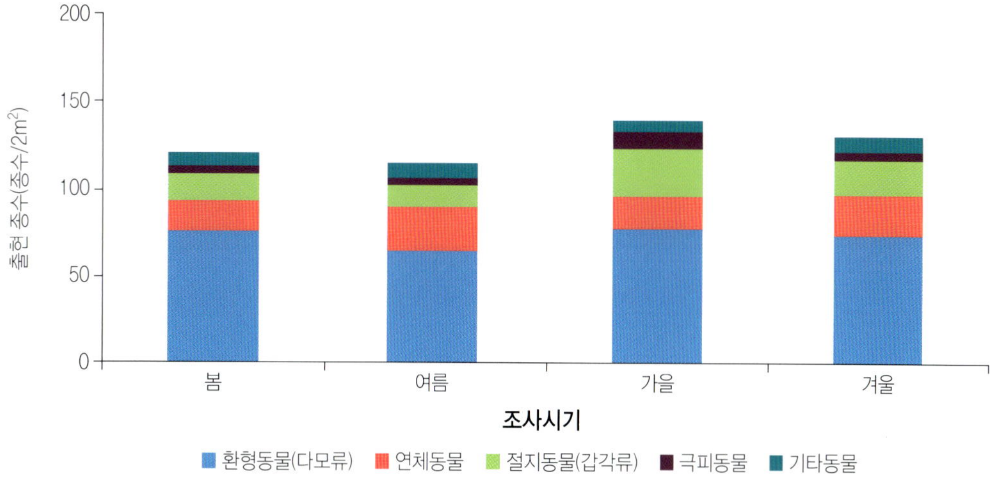

개체수는 수온이 낮은 겨울에 1,911개체/m^2로 가장 적었고, 수온이 상승하는 봄에 3,267개체/m^2로 가장 많았다. 정점에 따라서는 양식장이 입지한 정점 1과 2 및 예리항 내의 정점 9와 10에서 상대적으로 많았다.

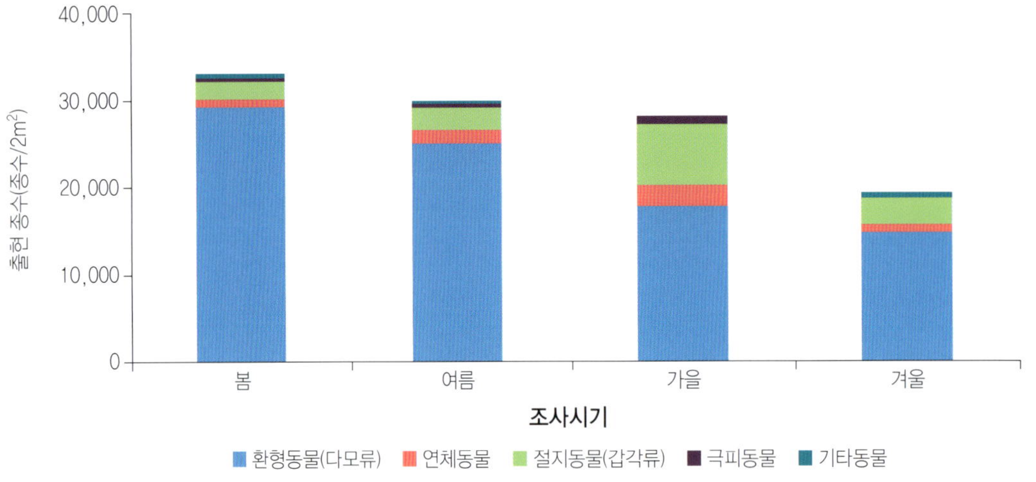

흑산도 주변해역 펄-모래 퇴적물에서의 우점종은 다모류의 *Aonides oxycephala*, *Mediomastus californiensis* 및 미동정 옆새우류(Amphipoda spp.)로 공통적으로 10% 이상의 점유율을 나타내었다.

얼굴갯지렁이류
(*Aonides oxycephala*)

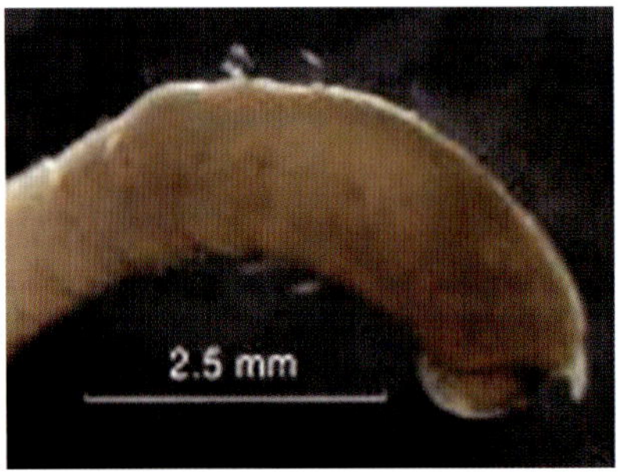

버들갯지렁이류
(*Mediomastus californiensis*)

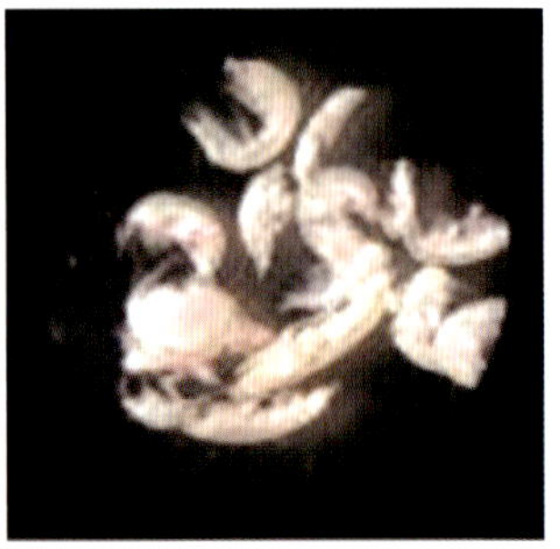

미동정 옆새우류

흑산도 주변해역의 펄-모래 퇴적물에 서식하고 있는 저서동물은 출현 종수, 개체수 및 우점종의 특징으로 고려해 볼 때, 양식장 입지정점, 항내정점 및 주변해역 정점을 중심으로 서식하는 저서동물의 군집분리가 이루어지고 있으며, 특히 양식장 및 예리항 내의 정점에서는 기회종(opportunistic species; 환경변화가 심한 해역에서 개체에게 유리한 환경을 만났을때 급격하게 밀도가 증가하는 종)이 높은 밀도를 나타내 특징적이었다.

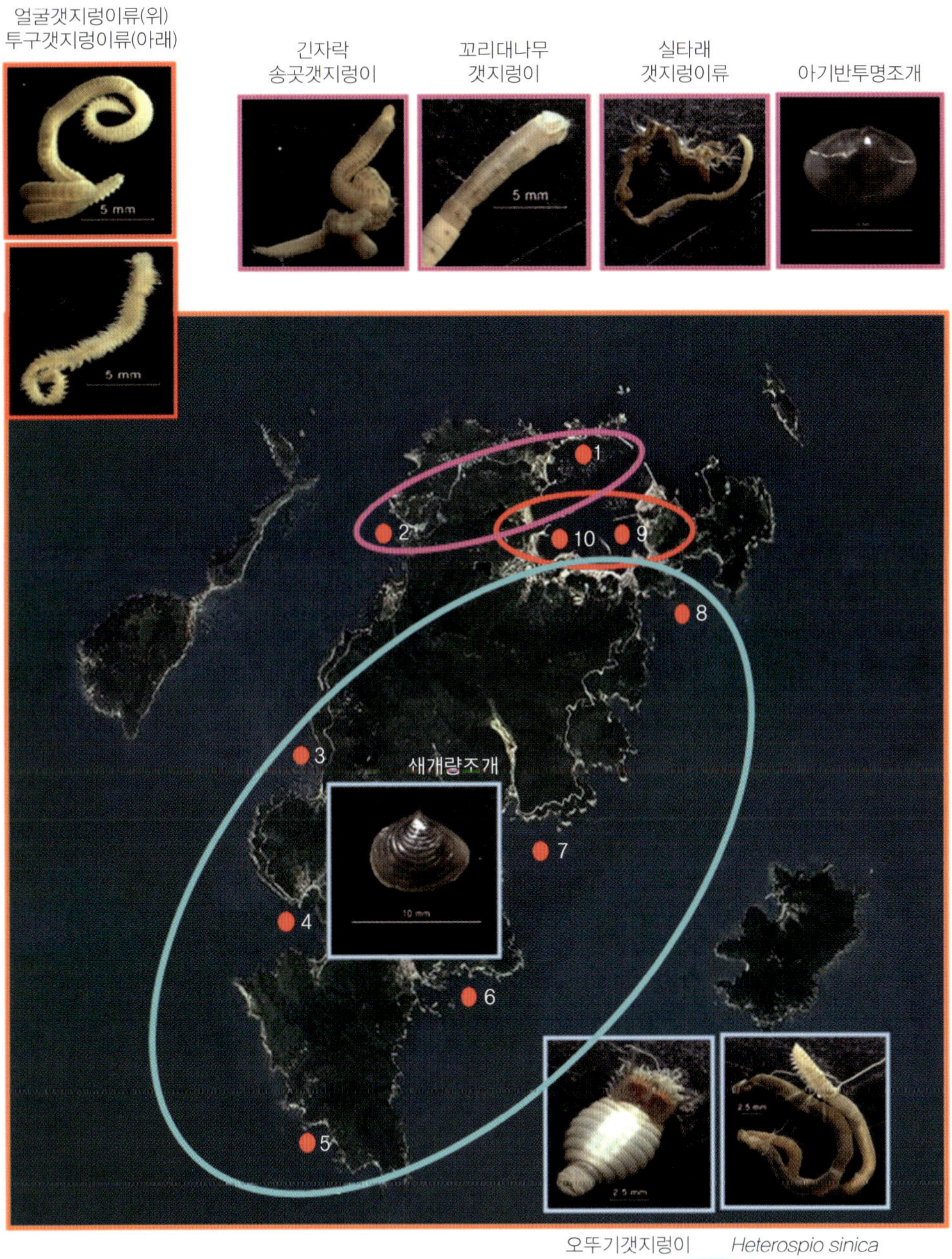

한편 상기에서와 같이 양식장 및 예리항 내 정점에 서식하는 저서동물을 제외하면, 흑산도 주변해역으로는 주로 펄퇴적물에서 높은 밀도를 나타내는 저서동물이 분포하는 특징을 보이고 있다. 이와 같은 현상은 문 등(2009)이 밝히고 있는 바와 같이 흑산도 주변해역에는 한반도에서 기원한 세립질 퇴적물이 퇴적된 것으로 추정되는 흑산니질대(Hucksan mudbelt deposit)가 광범위하게 분포하고 있다는 점에서 이를 입증하고 있다.

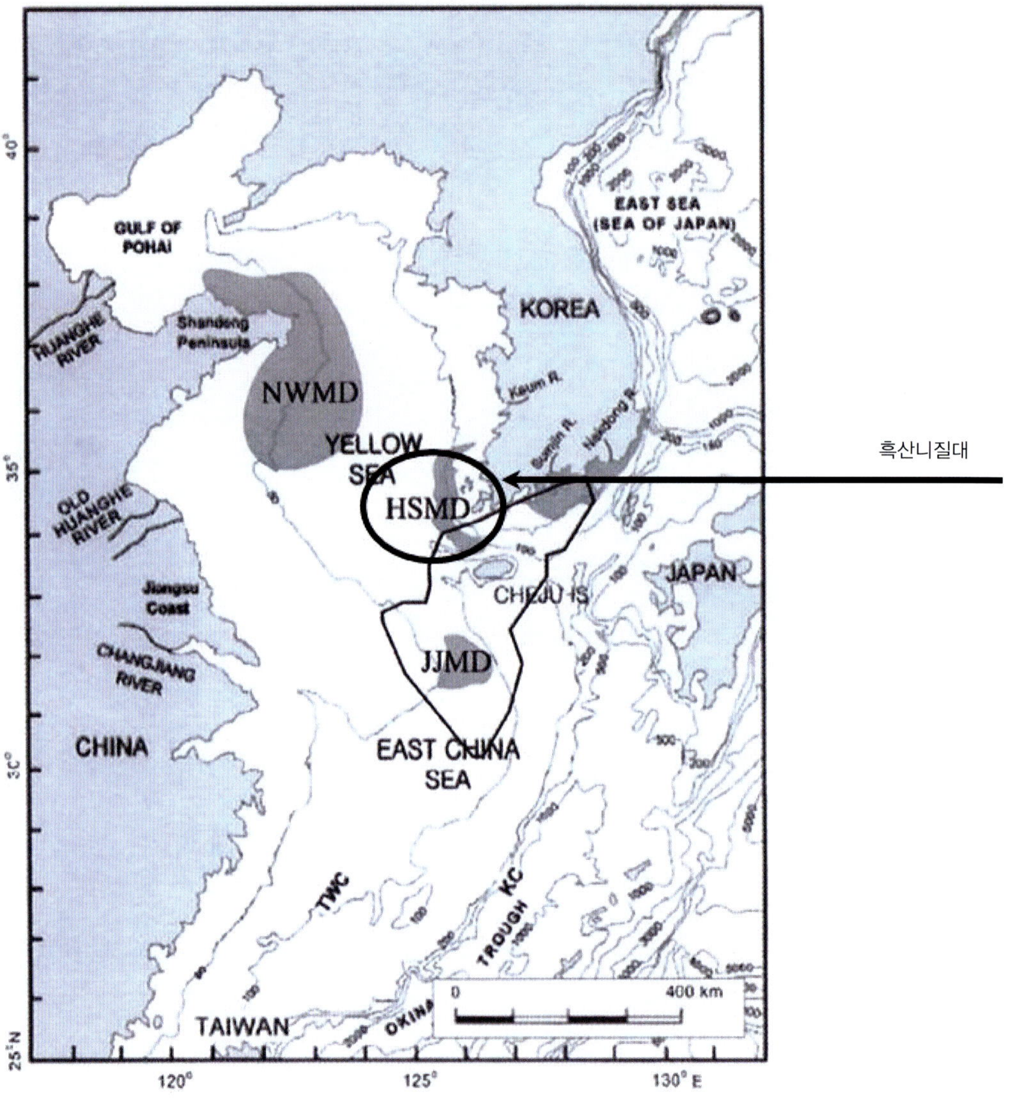

흑산니질대(Hucksan mudbelt)(문 등, 2009)

3.3.2 바위암반 저서동물

흑산도 주변해역 바위암반의 조하대에 살고 있는 저서동물은 총 105종이었고, 개체수는 단위면적당($1m^2$) 438개체가 출현하였다. 이 가운데 출현 종수는 연체동물이 42%로 가장 다양하였고, 개체수는 절지동물의 갑각류가 58%로 가장 많았다.

출현 종수는 조사시기별로 26~64종의 범위에 봄에 가장 적었고, 겨울에 가장 많았다. 조사정점에 따라서는 평균 22~25종의 범위에 영산도에서 적었고, 외영산도에서 많았다.

출현 개체수는 여름에 145개체/$3m^2$로 가장 적었고, 가을에 982개체/$3m^2$로 가장 많았다. 정점별로는 평균 최소 277개체 영산도에서 최대 611개체 대장도의 범위를 나타내었다.

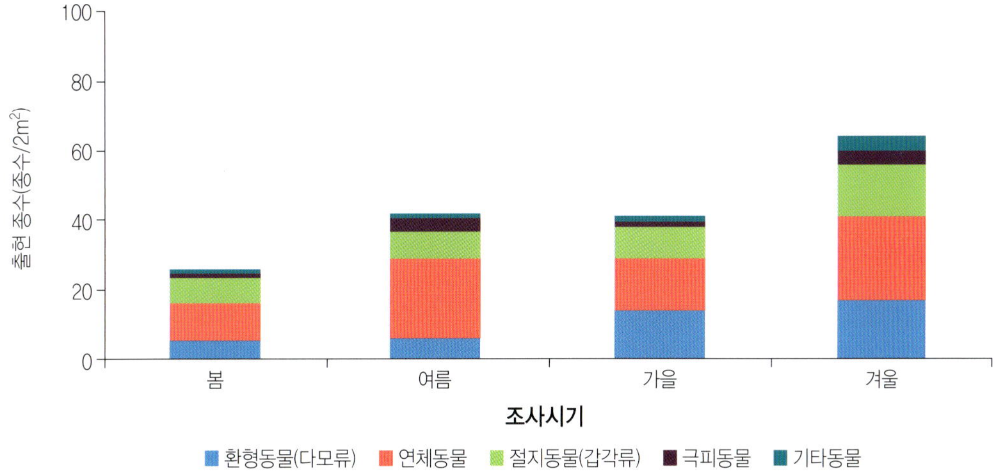

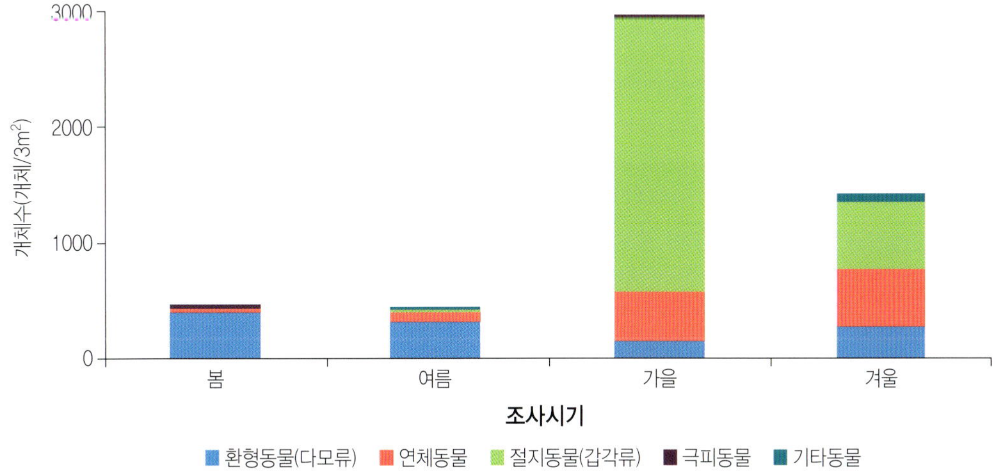

흑산도 주변해역 바위암반에 서식하는 저서동물 가운데 개체수 우점종은 미동정 옆새우류와 미동정 바다대벌레류(*Caprella* spp.)로 각각 31%와 20%를 차지하여 가장 우점하였다. 생체량에 있어서는 이매패류의 긴네모돌조개(*Arca boucardi*), 홍합(*Mytilus coruscus*)과 만각류의 빨강따개비(*Megabalanus rosa*) 등이 공통적으로 14%를 나타내 점유율이 높았다.

미동정 옆새우류

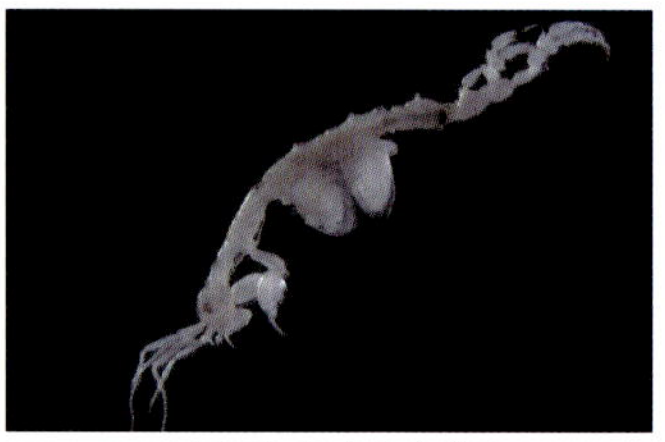
미동정 바다대벌레류

긴네모돌조개

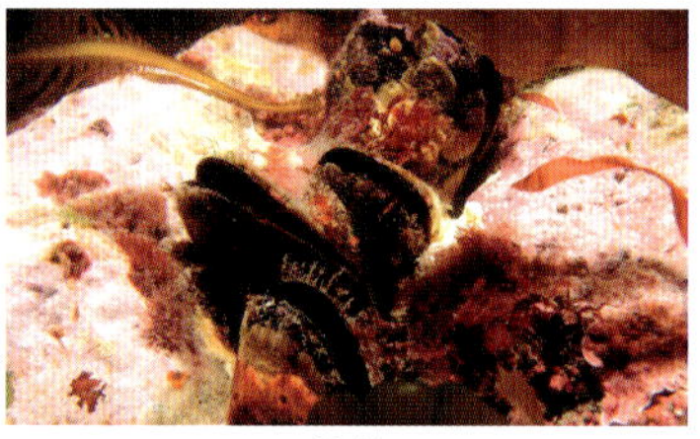
홍합

빨강따개비

흑산도 주변해역 바위해안에 서식하는 저서동물의 군집은 크게 여름, 가을-겨울 및 봄의 저서동물 군집으로 분리되고 있다. 이와 같은 현상은 수온이 차이를 나타내는 계절 또는 일부 시기 서식처의 특성(본 조사에서 여름 펄의 퇴적)에 따라 나타나는 현상으로 고려할 수 있다. 한편 여름 펄 퇴적물의 퇴적현상은 조사시기 1주일 전부터 조사기점까지 내린 174mm의 강우에 의한 원인이 가장 크다고 볼 수 있고, 이와 같은 현상이 바위암반에 살고 있는 저서동물에게 영향을 미쳤을 것으로 판단된다.

여름 펄의 퇴적

여름을 제외한 시기

3.4 최근 조사결과의 비교 (본 조사와 기존 조사)

본 조사와 기존의 2개 기관(국토해양부와 국립공원관리공단)에서 수행된 조사를 기초로 서식처의 생물다양성을 비교해 보면, 바위암반의 경우에 기존 조사에서는 41~57종의 범위를 보였으나 본 조사에서는 105종이 출현하였다. 또한 펄-모래 퇴적물에서도 기존 조사와 본 조사에서 각각 107~112종의 범위와 221종이 출현하여 바위 해안과 동일하게 약 2배의 출현 종수 증가가 관찰되었다. 한편 해조류는 출현 종수에 있어서 차이가 크지 않았다.

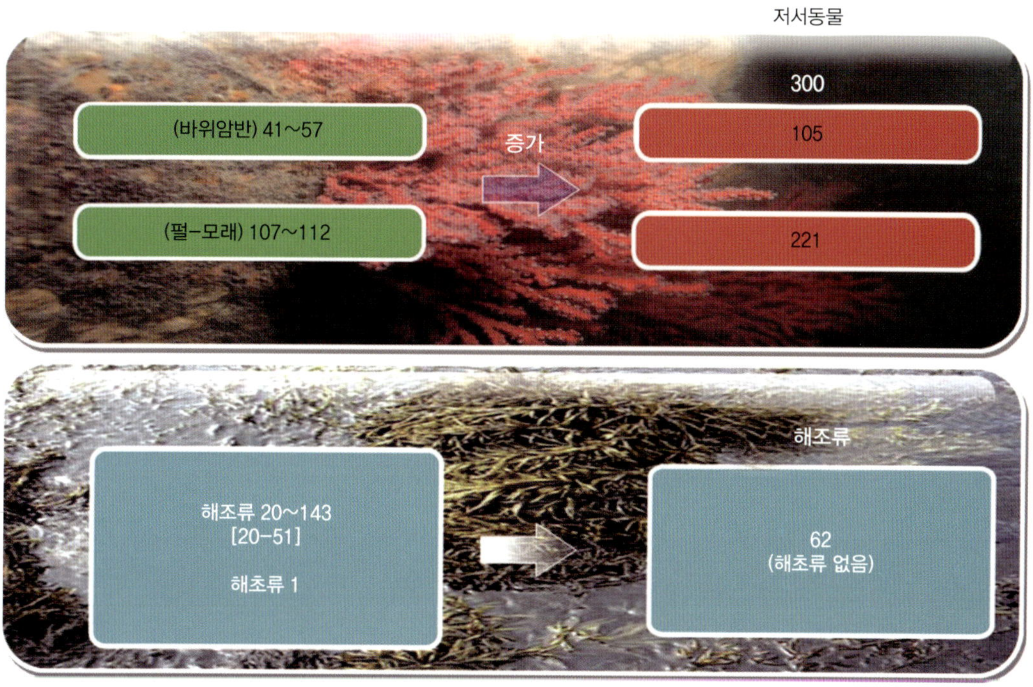

좌: 국립공원관리공단 국립공원연구원 및 국토해양부(2009), 우: 본 조사

3.5 흑산도 주변해역 저서동물

3.5.1 연체동물

연체동물은 부드러운 몸(육질)을 가진 동물로 탄산칼슘으로 형성된 패각을 가지고 있다. 다만 일부 종에서는 패각이 진화적으로 퇴화하여 몸속에 숨겨져 있거나 또는 없는 경우가 있다. 모양은 비교적 좌우대칭이며, 근육질의 발이 있어 기어 다니거나 또는 숨기 위하여 땅을 파는 데 이용한다.

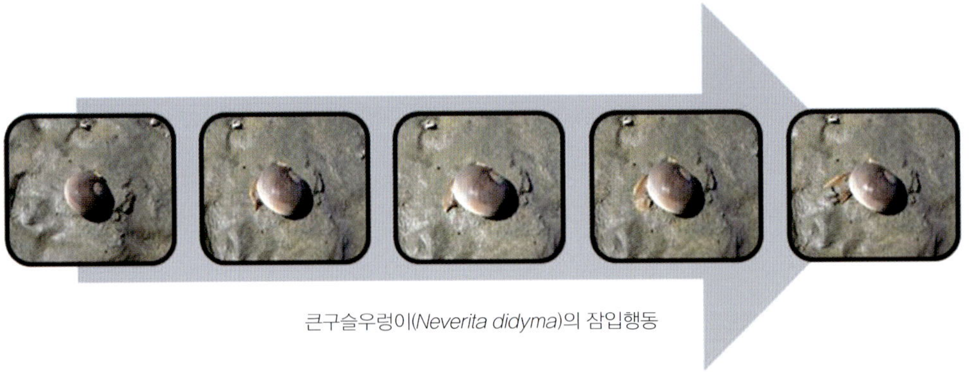

큰구슬우렁이(*Neverita didyma*)의 잠입행동

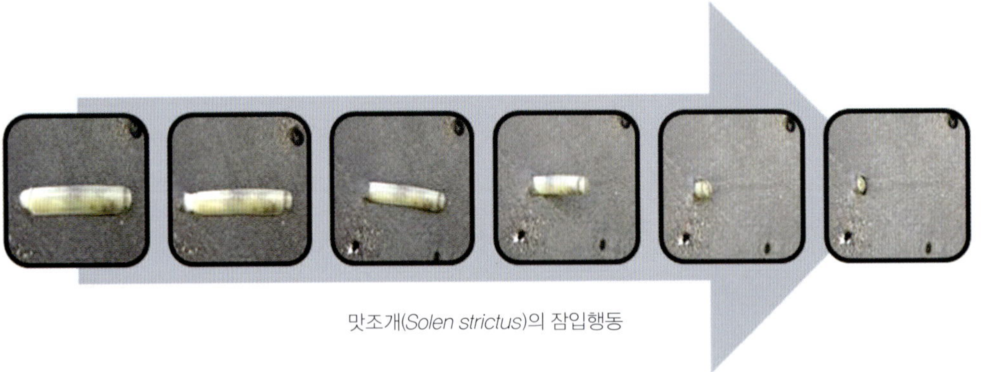

맛조개(*Solen strictus*)의 잠입행동

크기는 종류에 따라 1mm의 매우 작은 것에서부터 20m에 이르는 오징어까지 매우 다양하다. 연체동물에는 다판류(군부류), 굴족류, 복족류(고둥류), 이매패류(조개류), 두족류(오징어류 및 문어류 등) 등이 있다. 전 세계적으로 5만~10만여 종이 분포하는 것으로 알려져 있으며, 이 가운데 조개류와 고둥류가 95% 이상을 차지하여 가장 다양하다.

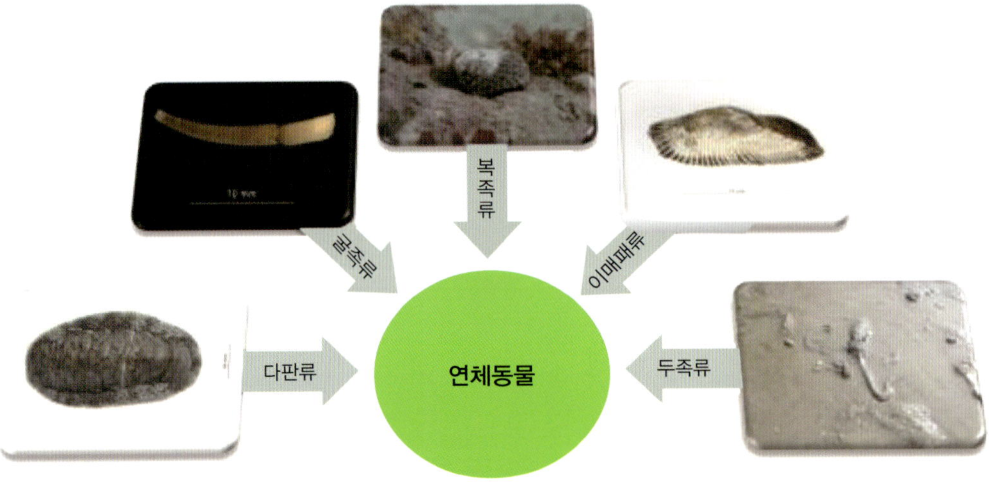

흑산도 주변해역의 펄-모래에서 출현한 연체동물은 총 48종으로, 이 가운데 이매패류와 복족류가 각각 36종과 11종으로 많았고, 다음으로 군부류는 1종이 출현하였다. 수산자원생물로는 이매패류의 떡조개(*Phacosoma japonicus*)가 유일하였다. 떡조개는 식용으로 이용되기는 하나, 맛이 없어 잘 선호하는 조개류는 아니다. 그러나 패각은 약품용기 및 바둑알을 만드는 재료로 이용되거나 또는 패각을 태운 석회가 도료로 이용되어 유익하다.

떡조개

흑산도 주변해역의 바위암반에서 출현한 연체동물은 총 44종으로, 이 중에서 복족류와 이매패류가 각각 25종과 13종으로 많았고, 다음으로 군부류는 6종이 채집되었다. 수산자원생물로는 이매패류의 한국가리비(*Chlamys chosenica*), 비늘가리비(*Scaeochlamys squamata*), 홍합 및 가시굴(*Saccostrea kegaki*) 등이, 복족류는 둥근전복(*Haliotis discus*)과 보말고둥(*Omphalius rusticus*) 등이 서식하였다.

한국가리비

비늘가리비

홍합

가시굴

둥근전복

보말고둥

복족류 중에서 갯민숭달팽이류에 속하는 종으로 흰갯민숭달팽이(*Chromodoris orientalis*)와 작은가지갯민숭달팽이(*Kaloplocamus ramosus*)가 관찰되었다.

흰갯민숭달팽이

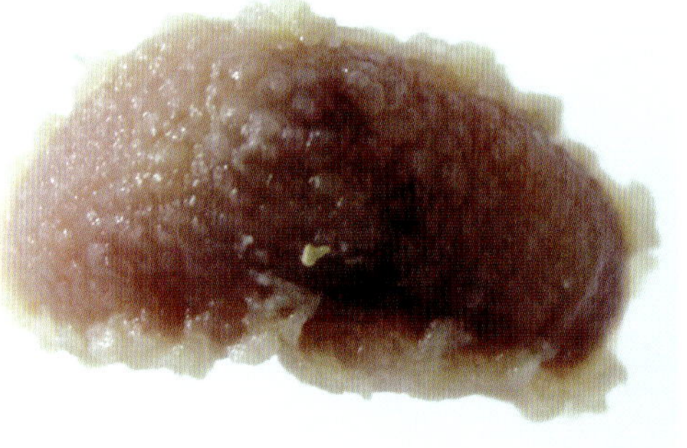
작은가지갯민숭달팽이

수중촬영에 의한 정성조사에서는 이매패류의 잠쟁이(*Anomia chinensis*), 홍합, 바위굴(*Crassostrea nipponica*), 굵은줄격판담치(*Septifer virgatus*), 태생굴(*Striostrea circumpicta*), 가시굴 등이, 복족류에서는 방석고둥(*Calliostoma unicum*), 매끈이고둥(*Kelletia lischkei*), 입뿔고둥(*Ceratostoma burnetti*), 보말고둥, 주홍토끼고둥(*Aperiovula takae*), 두드럭고둥(*Reishia bronni*) 등이, 갯민숭달팽이류에는 테고무신갯민달팽이(*Diaphorodoris mitsuii*), 예쁜이갯민달팽이(*Tritonia festiva*), 흰갯민숭달팽이, 주황테갯민숭달팽이(*Cadlina japonica*), 노랑테갯민숭

달팽이(*Cadlina luteomarginata*), 파랑갯민숭달팽이(*Hypselodoris festiva*), 눈송이하늘소갯민숭이(*Sakuraeolis gerberina*), 군소(*Aplysia kurodai*) 등이, 군부류에서는 군부(*Acanthopleura japonica*) 등의 서식이 관찰되었다.

특히 흑산도 주변해역에서는 다양한 갯민숭달팽이류가 관찰되어 본 해역이 쿠로시오 해류의 영향을 받는 아열대의 생물상을 일정 부분 나타내고 있음을 추정할 수 있다.

잠쟁이

바위굴

굵은줄격판담치

태생굴

방석고둥

매끈이고둥

입뿔고둥

주홍토끼고둥

두드럭고둥

테고무신갯민달팽이

예쁜이갯민달팽이

주황테갯민숭달팽이

노랑테갯민숭달팽이

파랑갯민숭달팽이

눈송이하늘소갯민숭이

군소

군부

3.5.2 절지동물

절지동물은 곤충류를 포함하기 때문에 전체 동물군 중에서 85% 이상을 차지하는 중요한 생물군이다. 이 중 바다에서 가장 대표적인 생물군이 갑각류이다. 몸은 통상 머리, 가슴 및 배로 구분되며, 머리와 가슴이 붙어 두흉부를 형성한다. 또한 키틴질의 외골격으로 싸여 있고, 주기적인 탈피과정을 통하여 성장한다. 갑각류는 요각류, 만각류, 구각류, 등각류, 단각류, 게류, 집게류, 새우류 등 매우 다양하다.

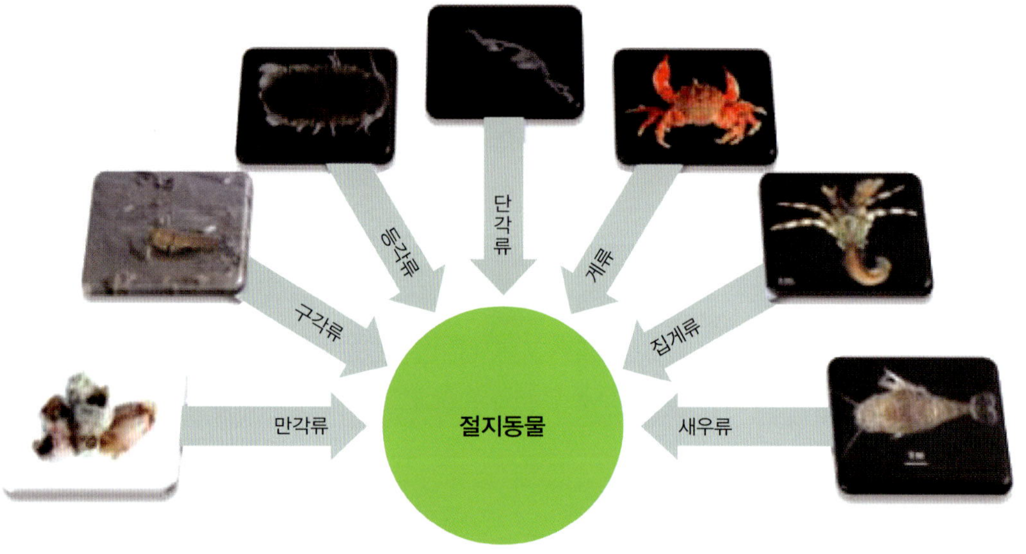

흑산도 주변해역의 펄-모래에서 출현한 갑각류는 총 42종으로, 이 가운데 새우류가 14종으로 가장 다양하였고, 다음으로 이형올챙이새우류(쿠마류)와 게류가 공통적으로 6종이 출현하였다. 이 외에 집게류, 등각류 및 곤쟁이류가 공통적으로 3종이, 단각류(옆새우류)와 타나이스류는 2종이, 마지막으로 박갑류, 바다거미류 및 구각류가 공통적으로 1종이 채집되었다. 수산자원생물로는 집게류의 쏙(*Upogebia major*), 구각류의 갯가재(*Oratosquilla oratoria*), 게류의 두점박이민꽃게(*Charybdis bimaculata*), 새우류의 돗대기새우(*Leptochela gracilis*), 둥근돗대기새우(*Leptochela sydniensis*), 산모양깔깔새우(*Metapenaeopsis dalei*)와 꽃새우(*Trachysalambria curvirostris*) 등이 있다.

쏙

갯가재

두점박이민꽃게

돗대기새우

둥근돗대기새우

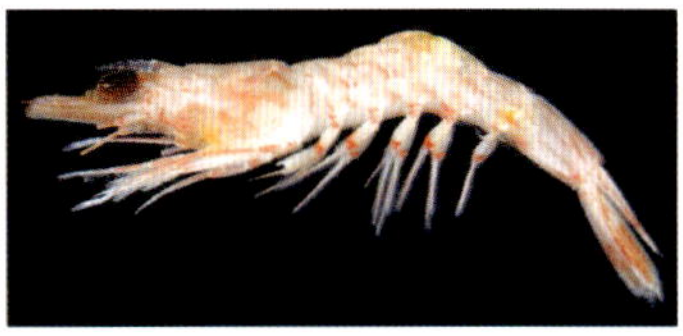
산모양깔깔새우

흑산도 주변해역의 바위암반에서 출현한 절지동물은 총 20종으로, 이 중에서 게류가 5종으로 많았고, 다음으로 집게류와 등각류는 공통적으로 4종이 출현하였다. 이 밖에 단각류와 새우류는 2종이, 만각류, 바다거미류 및 타나이스류는 공통적으로 1종이 채집되었다. 수산자원생물로 이용되는 갑각류는 없었고, 특징종으로는 게류의 비단게(*Sphaerozius nitidus*), 애기털보부채게(*Pilumnus minutus*) 및 만각류의 빨강따개비 등이 있다.

비단부채게

애기털보부채게

빨강따개비

수중촬영에 의한 정성조사에서는 게류의 비단부채게, 애기털보부채게, 민꽃게(*Charybdis japonica*), 집게류의 참집게(*Pagurus filholii*), 만각류의 거북손(*Capitulum mitella*) 및 검은큰따개비(*Tetraclita japonica*) 등의 서식이 관찰되었다.

민꽃게

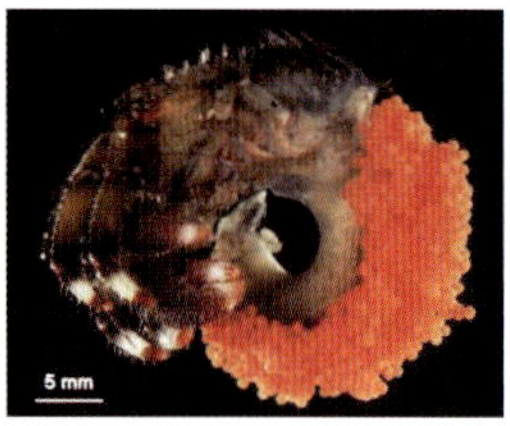

참집게

거북손

검은큰따개비

3.5.3 극피동물

극피동물은 몸에 가시가 나 있는 또는 가시를 가지는 동물을 말하며, 불가사리류, 거미불가사리류, 성게류, 해삼류 및 바다나리류 등이 포함된다. 몸은 5방사 대칭의 형태를 보이며, 외골격은 짧고 긴 관족(발)과 가시로 덮여있다. 특히 가시는 운동기능이나 또는 외부자극으로부터의 보호 및 감각기 등 다양한 역할을 담당하고 있다.

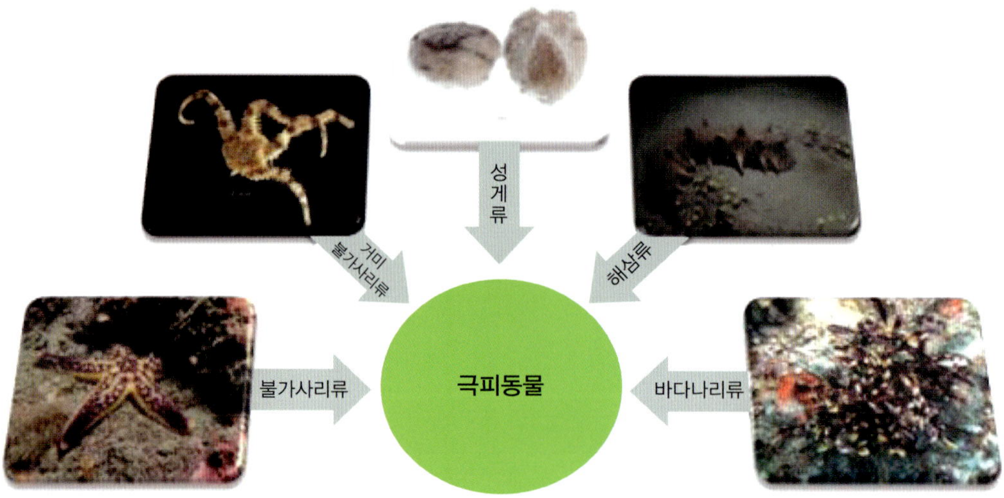

흑산도 주변해역의 펄-모래에서 출현한 극피동물은 총 13종으로, 이 가운데 거미불가사리류가 8종으로 가장 다양하였고, 성게류와 해삼류가 공통적으로 2종이 채집되었다. 이 외에 불가사리류는 1종이 출현하였다. 특징생물로는 성게류의 염통성게(*Schizaster lacunosus*), 하드윅분지성게(*Temnopleurus hardwickii*), 해삼류의 오각광삼(*Eupentacta chronhjelmi*), 가시닻해삼(*Protankyra bidentata*) 및 불가사리류의 전갈가시불가사리(*Astropecten scoparius*) 등이 있다.

염통성게

하드윅분지성게

오각광삼

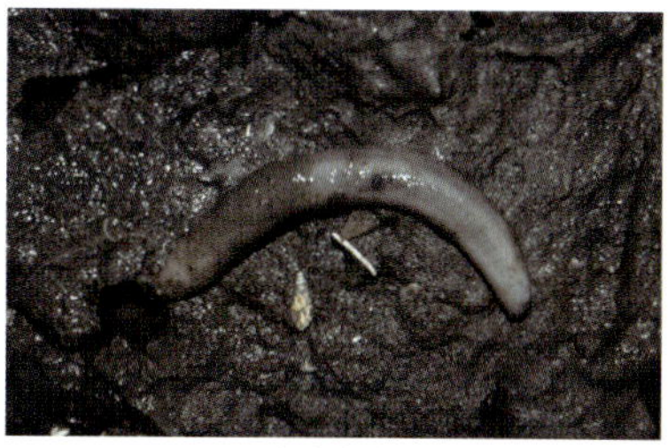

가시닻해삼

전갈가시불가사리

흑산도 주변해역의 바위암반에서 출현한 극피동물은 총 8종으로, 이 가운데 불가사리류가 5종으로 많았고, 다음으로 성게류가 3종이 출현하였다. 수산자원생물로 이용되는 종으로는 성게류의 둥근성게(*Mesocentrotus nudus*), 하드윅분지성게 및 분지성게(*Temnopleurus toreumaticus*) 등이 있다. 특징종으로는 불가사리류의 아팰불가사리(*Aphelasterias japonica*), 아무르불가사리(*Asterias amurensis*), 별불가사리(*Patiriapectinifera*) 및 주름불가사리(*Crossaster papposus*) 등이 있다.

둥근성게

분지성게

아팰불가사리

아무르불가사리

별불가사리

주름불가사리

수중촬영에 의한 정성조사에서는 불가사리류의 아팰불가사리, 아무르불가사리, 별불가사리, 애기불가사리(*Henricia nipponica*), 거미불가사리류의 혹가지거미불가사리(*Astrocladus coniferus*) 및 해삼류의 돌기해삼(*Apostichopus japoicus*) 등의 서식이 관찰되었다.

애기불가사리

혹가지거미불가사리

돌기해삼

3.5.4 환형동물

갯지렁이류가 포함되고 있는 환형동물은 전 세계적으로 1만 7천여 종이 보고되고 있으며, 이 가운데 몸의 각 마디에 크고 작은 털이 있는 다모류가 약 1만 2천 종으로 가장 많다고 볼 수 있다.

갯지렁이류는 형태적으로 매우 다양하며, 몸에 털이 많이 나 있어 육상의 지렁이와는 구분된다. 바다에 서식하는 저서동물 중에서 출현 종수와 밀도에 있어서 우점하는 생물군이다. 몸은 거의 동일한 구조를 가진 고리모양의 마디가 길게 이어져 있는 형태이다. 갯지렁이류는 낚시미끼용의 수산자

원생물로서, 유기물 오염의 정도를 나타내는 환경지표생물로서, 그리고 조개나 굴 등에 붙거나 또는 구멍을 뚫어 해를 입히는 해적생물 등으로 그 수 만큼이나 다양한 용도로 고려되고 있다.

흑산도 주변해역의 펄-모래에서 출현한 다모류는 총 105종이었고, 수산자원생물로 분류되는 종은 없다. 반면 환경지표종(오염지시종) 또는 기회종으로 분류되는 종으로는 얼굴갯지렁이류의 *Aonides oxycephala*, *Pseudopolydora kempi*, 등가시버들갯지렁이(*Capitella capitata*), 긴털바퀴실타래갯지렁이(*Chaetozone spinosa*), 긴자락송곳갯지렁이(*Lumbrineris longifolia*) 및 둥근얼굴참갯지렁이(*Neanthes caudata*) 등 6종이었다.

흑산도 주변해역의 바위암반에서 출현하는 다모류는 25종으로, 이 가운데 수산자원생물로 분류되는 종은 바위털갯지렁이(*Marphysa sanguinea*)가, 환경지표종(오염지시종) 또는 기회종으로 분류되는 종으로는 등가시버들갯지렁이가 유일하였다.

Aonides oxycephala

Pseudopolydora kempi

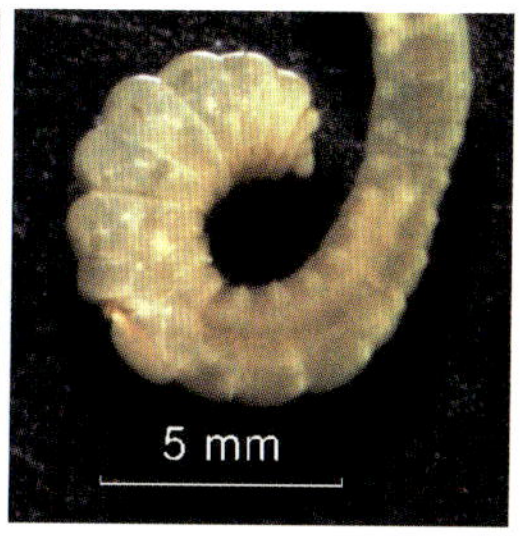

등가시버들갯지렁이

긴털바퀴실타래갯지렁이

긴자락송곳갯지렁이

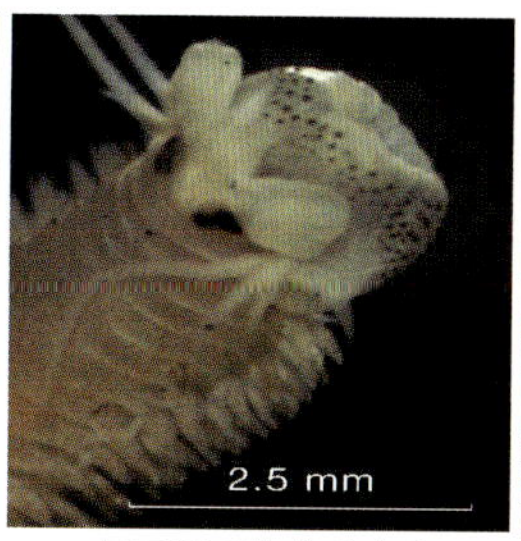

둥근얼굴참갯지렁이

바위털갯지렁이

3.6 흑산도의 주요 저서생물과 해조류

흑산도 주요 저서생물 목록

No	주요 저서생물	Page
1	민꽃게	69
2	꽃게	70
3	농게	71
4	쏙	72
5	칠게	73
6	길게	74
7	달랑게	75
8	엽낭게	76
9	납작게	77
10	풀게	77
11	뿔물맞이게	78
12	말백합	79
13	백합	80
14	가무락조개	81
15	가리맛조개	82
16	홍합	83
17	굴	84
18	꼬막	85
19	새꼬막	86
20	새조개	87
21	둥근전복	88
22	낙지	89
23	군소	90
24	노무리입깃해파리	91
25	동기해삼	92

흑산도 주요 해조류 목록

No	주요 해조류	Page
1	구멍갈파래	93
2	청각	94
3	톳	95
4	미역	96
5	가시파래	97
6	참김	98
7	우뭇가사리	99
8	풀가사리	100
9	거머리말	101
10	새우말	102

민꽃게 *Charybdis japonica* (A. Milne-Edwards, 1861)

자산어보에는 '무해(舞蟹)' 로 표기되어 있고, "큰 놈은 타원형으로 길이가 7~8치 정도이다. 빛깔은 검붉고 등은 단단한 껍질로 되어 있으며, 그 가까이엔 집게발이 쌍각(雙角)으로 나와 있다. 왼쪽 집게발은 끊는 힘이 있다. 크기는 엄지손가락만하다(대게 집게발은 왼쪽이 크고, 오른쪽은 작다). 즐겨 집게발을 펴면서 일어서는 것이 춤추는 모양과 같다. 맛은 달콤하여 항상 돌 틈에 사는데 조수가 밀려가면 잡힌다."라고 기술하고 있다.

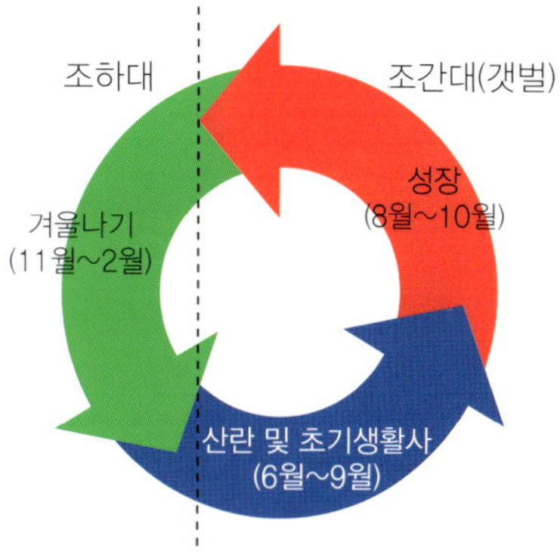

新자산어보에서 민꽃게는 십각목(Decapoda), 꽃게과(Portunidae)에 속하는 대표적인 수산자원생물이다. 민꽃게는 집게발이 크고 억세며, 형태적으로 갑각의 윤곽이 길쭉한 타원형에 가깝고, 등면은 볼록하다. 민꽃게의 어린 개체는 등면에 연한 털이 있는 반면, 성체는 털이 없고 매끈하며 광택이 난다. 체색은 변이가 있으나 보통 어두운 녹갈색 바탕에 미색 얼룩무늬가 있거나 또는 어두운 보라색을 띠는 것도 있다. 이마에는 6개의 돌기가 있는데 가운데 2개의 돌기가 가장 많이 돌출하였다. 제4걷는다리는 헤엄을 치는 유영지이다.

민꽃게는 우리나라 전 연안에서 살고 있지만 특히 서해안에 많이 분포한다. 민꽃게는 15m 이내의 얕은 바다의 펄, 모래 또는 돌 밑과 간조시의 조수웅덩이나 돌 사이에서 흔히 잡힌다. 민꽃게는 6월에서 9월 사이에 산란 및 초기생활사 시기를 거치고, 8월에서 10월까지는 연안에서 성장한 후 수온이 낮아지는 11월부터 2월까지는 겨울나기를 위하여 깊은 수심으로 이동한다. 민꽃게는 주로 게장, 찜 및 해물탕의 주재료로 사용되며, 박하지나 벌떡게 등으로 불리기도 한다.

꽃게 *Portunus trituberculatus* (Miers, 1876)

자산어보에는 '시해(矢蟹)'로 표기되어 있고, "큰 놈은 지름이 두 자 정도이며, 뒷다리 끝이 넓어서 부채 같다. 두 눈 위에 한 치 남짓한 송곳 같은 것이 있어서 그와 같은 이름이 주어졌다. 빛깔은 검붉다. 대체로 보통 게는 잘 기어 다니나 헤엄은 잘 치지 못하지만 이 게만은 유독 헤엄을 잘 친다. 이것이 물에서 헤엄치면 큰 바람이 불 징조라고 한다. 맛은 달콤하다. 흑산에는 희귀하다. 항상 바다 속에 있다. 때때로 낚시에 걸린다. 칠산 바다에서는 그물로도 잡는다."라고 기술하고 있다.

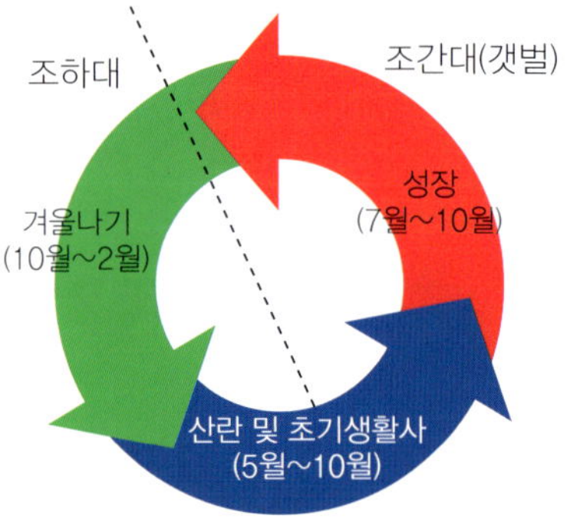

新자산어보에서 꽃게는 십각목(Decapoda), 꽃게과(Portunidae)에 속하는 대표적인 수산자원생물이다. 꽃게의 갑각 윤곽은 옆으로 긴 마름모꼴로 되어 있으며, 아래위 모서리가 둥근 편이다. 이마에는 3개의 작은 이가 있으며, 양옆 이는 가시 모양으로 예리한 편이다. 갑각은 초록색을 띤 연한 청색이거나 짙은 청색이고, 집게다리에는 보라색 바탕에 흰점무늬가 있다. 제4걷는다리가 헤엄치는 다리인 유영지로 납작하고 넓은 것이 특징이다.

꽃게는 우리나라 전 연안에 살고 있지만 특히 서해안에 많이 분포한다. 이 외에도 남해서부, 동해중부 이남 및 제주도에서도 관찰된다. 꽃게는 수심 30m 이내의 모래 또는 모래펄에서 흔히 살고 있다. 꽃게는 5월에서 10월 사이에 산란 및 초기생활사의 과정을 거치고, 7월부터 10월 사이에 조간대 인근의 조하대에서 성장한다. 이후 겨울나기를 위해 10월부터 2월까지 수심이 깊은 곳으로 이동하여 생활한다. 꽃게는 온도에 적응력이 강해 여름 40℃에 이르는 고온의 조간대나 겨울의 0℃ 이하의 저온에도 잘 견딘다. 개체는 통상적으로 수온 7~35℃에서 생활하며, 수온이 14~15℃로 내려가면 수심이 깊은 곳으로 이동하여 모래펄 속에 묻혀서 겨울잠을 잔다. 봄에 수온이 17℃ 이상 되어야 활동하기 시작하고 이후 20℃ 이상이 되면 탈피를 통하여 성장한다. 수명은 2~3년이며, 생물학적 최대 갑각의 나비는 20cm 내외이다. 꽃게는 우리나라에서 가장 많이 이용되는 수산자원생물로 게장, 찜 및 해물탕의 주재료로 이용되고 있다.

농게 *Uca arcuata* (De Haan, 1835)

자산어보에는 '농해(籠蟹)' 와 '화해(花蟹)' 로 표기되어 있다. 이 중 농해는 암컷을, 화해는 수컷을 표현한 것으로 볼 수 있다. 농해는 "큰 놈은 지름이 세 치 정도로 빛깔은 검푸르고 윤택하며 다리는 붉다. 몸은 둥글고 바구니처럼 생겼다. 모래와 진흙을 파 동굴을 만들고 모래가 없으면 돌 틈에 엎드린다."라고 기술되어 있다. 반면 화해는 "크기가 농게와 같고, 등이 높으니 바구니 같다. 왼쪽 집게발은 유달리 크고 붉으며, 오른쪽 집게발은 아주 작고 검다. 전체가 반점으로 되어 있는 것이 흡사 대모 같다. 맛은 싱겁다. 진흙탕 속에 있다."라고 표현하고 있다.

新자산어보에서 농게는 십각목(Decapoda), 달랑게과(Ocypodidae)에 속하는 생물이다. 농게 갑각의 등면은 매끈하고 윤기가 나며 청록색을 띤다. 개체의 눈구멍은 매우 넓어서 뒷가장자리의 너비와 비슷하다. 암컷의 집게다리는 작고 대칭을 이루나, 두 손가락은 길고 끝이 넓어져서 숟가락 모양을 이룬다. 반면 수컷 집게다리의 한쪽은 암컷과 비슷하지만, 다 른 한쪽은 크고 억세게 생겼으며 붉고 거의 편평하며 과립들로 덮여있다. 오른쪽 또는 왼쪽 등 2개 중 1개의 집게다리가 큰 경우도 있다. 갯벌에서 농게의 수컷이 큰 집게발을 올렸다 내렸다를 반복하는 모습을 관찰할 수 있는데, 이것은 수컷이 암컷 앞에서 위용을 과시하거나 또는 서식처의 공간에 대한 영역싸움을 할 때 많이 보임으로써 번식기가 되면 이런 행동을 자주 한다.

농게는 우리나라의 서남해 및 서해 연안에 폭 넓게 분포한다. 또한 서식처에서 공간적으로는 갯벌의 상부, 염생식물이 자라는 최상부와 모래가 섞인 펄갯벌에 서식한다. 식물군락이 있는 곳에서도 주로 생활한다. 흰발농게(Uca lactea)와 섞여 사는 개체군도 있으나, 흰발농게의 서식처보다는 다소 조위가 낮고 진흙이 보다 더 많은 곳에 일반적으로 산다. 농게는 서해안의 일부 지역에서 게장이나 날 것으로 식용되고 있으나, 특유의 흙내음을 가지고 있다.

쏙 *Upogebia major* (De Hann, 1841)

자산어보에는 '백석해(白石蟹)' 로 표기되어 있다. 백석해는 "돌게를 닮았으나 크기가 대여섯 치에 불과하다. 허리 아래는 약간 길며 빛은 희다."라고 간결하게 기술하고 있다.

新자산어보에서 쏙은 십각목(Decapoda), 쏙과(Upogebiidae)에 속하는 수산자원생물이다. 쏙의 갑각윤곽은 삼각형에 가깝고, 옆면은 경사진 형태이다. 이마뿔은 돌출하여 3갈래로 갈라져 있으며, 그 뒤로 2줄의 깊은 홈이 있다. 집게다리 양쪽의 모양과 크기가 같다. 겉모양은 갯가재(Oratosguilla oratoria)와 비슷하나 오히려 집게류에 더 가깝다. 쏙은 쏙붙이(Nihonotrypaea japonica)와 비교하여 사는 장소가 다르고, 크기는 일반적으로 더 크다. 체색은 짙거나 옅은 갈색 또는 녹갈색의 바탕에 옅은 반점이 흩어져 있다.

쏙은 우리나라 남해와 서해에 분포한다. 서식처는 공간적으로 내만의 모래가 섞인 펄퇴 적물에 구멍을 파고 서식한다. 쏙의 서식구멍은 보통 수직으로 30~50cm, 지름이 2~3cm 정도의 원기둥 형태이다(깊은 구멍은 수직으로 2m를 넘기도 한다). 생물학적으로 늦봄에서 여름까지가 포란기이며, 최대 갑각길이는 32mm 내외이다. 쏙은 식용 또는 낚시미끼로 주로 이용된다. 해역별로 어획하는 방법에서 차이를 보여 된장, 개털이나 염소털이 있는 붓, 나무 및 동일개체 등을 이용하여 유인하는 방법 등 다양하다. 태안지역에서는 뻥설게라고도 부른다.

칠게 *Macrophthalmus japonicus* (De Haan, 1835)

자산어보에는 '화랑해(花郞蟹)' 로 표기되어 있다. 화랑해는 "크기는 농게와 비슷하고, 몸은 넓고 짤막하여 눈은 가늘고 길다. 왼쪽 집게발이 특별히 크지만 둔하여 사람을 물 줄을 모른다. 나아갈 때 집게발을 편 모양이 춤추는 것 같아서 이런 이름이 주어졌다."라고 기술하고 있다.

新자산어보에서 칠게는 십각목(Decapoda), 달랑게과(Ocypodidae)에 속하는 수산자원생물이다. 칠게의 갑각등면은 거꾸로 된 사다리꼴 모양이다. 갑각의 등면 앞부분 양 옆에는 2중의 과립선이 세로로 2줄 있다. 양 집게다리는 대칭을 이루는데 수컷의 그것이 암컷보다 크고 모양도 다르다. 집게다리의 움직이는 손바닥에 과립이 있는 1개의 넓은 톱니가 있다. 수컷은 저조시 먹이활동 중에 집게발을 올렸다 내렸다를 반복한다. 칠게는 비교적 시각이 예민하여 약 20m 밖에서도 사람이 지나가면 재빨리 구멍으로 들어가 버린다. 체색은 전체적으로 흑갈색을 띤다.

칠게는 우리나라 동해의 영일만 이남부터 전 연안에 분포한다. 칠게는 주로 내만 및 하구 근처의 부드러운 펄퇴적물에서 경사진 타원형의 구멍을 파고 생활한다. 생물학적으로 최대 갑각나비는 수컷 41mm, 암컷 39mm 내외이다. 포란 시기는 5~8월이며, 퇴적물의 유기물을 먹는 퇴적물식자이다.

칠게는 서해안 일부 해역에서 게장이나 날것으로 식용되고 있고, 낙지를 잡기 위한 미끼로 이용하고 있다. 또한 서해 남부해역에서 화랑게라고 불린다.

길게 *Macrophthalmus abbreviatus* (Manning and Holthuis, 1981)

자산어보에는 '고해(鼓蟹)'로 표기되어 있다. 고해는 "크기는 꽃게와 같으며, 몸은 짧고 빛깔은 조금 희다." 라고 간결하게 기술하고 있다.

新자산어보에서 길게는 십각목(Decapoda), 달랑게과(Ocypodidae)에 속하는 생물이다. 길게의 갑각은 가로로 매우 길어서 너비가 길이의 약 2배를 넘으며, 전체적으로 옆으로 긴 사다리꼴이다. 갑각의 등면은 앞뒤로 기울어져 있어서 원기둥의 곡면과 유사하며, 양옆은 비스듬히 잘린 것 같다. 양 집게다리는 대칭을 이루며 수컷의 집게다리가 암컷의 집게다리보다 크다. 체색은 전체적으로 흑갈색을 띤다.

길게는 우리나라의 서해와 남해에 분포한다. 동일한 속의 칠게와는 반대로 내만의 모래가 많이 섞인 펄갯벌에 살며 비스듬히 구멍을 파고 무리를 지어 생활한다. 생물학적으로 최대 갑각나비는 수컷 41mm, 암컷 39mm 내외이다. 길게는 갯벌에서 죽은 생물의 사체를 먹는 장면을 관찰할 수 있다. 또한 서해안 일부지역에서는 칠게와 같이 게장이나 날 것으로 먹기도 한다.

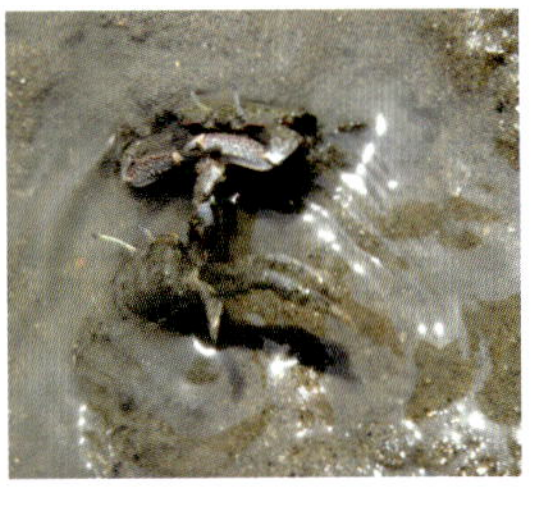

달랑게 *Ocypode stimpsoni* (Ortmann, 1897)

자산어보에는 '백해(白蟹)'로 표기되어 있다. 백해는 "팽활(돌장게)보다 작고 빛깔이 희며, 등에 검푸른 줄무늬가 있고 집게발이 매우 강하여 물리면 몹시 아프다. 민첩하고 잘 달리며 항상 모래에 있으면서 굴을 만든다."라고 기술하고 있다.

新자산어보에서 달랑게는 십각목(Decapoda), 달랑게과(Ocypodidae)에 속하는 생물이다. 달랑게의 갑각윤곽은 사각형으로 눈구멍이 크다. 또한 등의 한가운데에 U자 또는 V자 모양의 홈이 있어 특징적이다. 집게다리는 비대칭적으로 어느 한쪽의 것이 다른 것과 비교하여 크다.

달랑게는 우리나라 전 연안에 분포하며, 조간대 상부의 깨끗한 모래에 구멍을 파고 산다. 달랑게는 행동이 매우 빠르며, 주로 밤에 활동을 한다. 개체는 작은 집게다리로 모래에 붙어 있는 유기물을 먹고 구슬모양의 경단을 만든다.

달랑게는 자산어보에서 식용으로 이용하는 것으로 기술되고 있으나, 실제 식용으로 잘 이용되지 않는다. 한편 정약전이 임종하기 전에 머물렀던 신안군 우이도의 돈목해수욕 장은 우리나라에서 달랑게의 최대 서식지로 알려져 있다.

엽낭게 *Scopimera globosa* (De Haan, 1835)

자산어보에는 '두해(豆蟹)'로 표기되어 있다. 두해는 "크기가 대두(큰 콩)만하고, 빛깔은 팥 같으며 맛이 좋다. 섬사람들은 때때로 날 것으로 먹는다."라고 기술하고 있다.

新자산어보에서 엽낭게는 십각목(Decapoda), 달랑게과(Ocypodidae)에 속하는 생물이다. 엽낭게의 갑각윤곽은 둥그런 사다리꼴 형태이다. 개체의 크기나 모양이 콩과 비슷하여 두해라 일컬어진 것으로 추정할 수 있다. 자산어보에서는 식용으로 이용하는 것으로 기술되고 있으나, 실제 식용으로 잘 이용되지 않는다.

엽낭게는 동해안을 제외한 우리나라 전 연안의 하구역이나 모래펄에 서식한다. 엽낭게는 물이 빠진 썰물 때 양 집게다리를 이용하여 모래표면의 유기물을 걸러먹고 서식처의 구멍 주변에 작은 모래알갱이를 만드는 행동을 한다.

엽낭게의 잠입행동과 먹이활동 후의 모래알갱이

납작게와 풀게

Gaetice depressus (De Haan, 1833) / *Hemigrapsus penicillatus* (De Haan, 1835)

자산어보에 '소팽(小蟚)' 과 '황소팽(黃小蟚)' 으로 표기되어 있는 2종은 납작게와 풀게를 공통적으로 묘사한 것으로 추정할 수 있으나, 그 내용이 매우 간결하여 정확한 판단이 난해하다. 따라서 본 종은 2종의 특징으로 묘사하고자 한다. 소팽은 "빛깔은 검고 몸은 작은 편이다. 발가락 끝 부분이 약간 희며 항상 돌 틈에서 산다. 젓을 담그면 좋다."라고 기술하고 있고, 황소팽은 "삼게의 일종이다. 다만 등 부분이 노랗다는 차이가 있을 뿐이다."라고 표현하고 있다.

新자산어보에서 납작게는 십각목(Decapoda), 바위게과(Grasidae)에 속하는 생물이다. 납작게의 갑각윤곽은 납작하고 사다리꼴이다. 개체의 집게발은 둥근 삼각형으로 광택이 있으며, 끝은 하얀색을 띤다. 납작게는 일반적으로 서식처의 환경에 따라서 담갈색, 흑갈색, 녹갈색 등 매우 다양하다. 납작게는 우리나라 전 연안에서 관찰할 수 있다. 특히 바위해안 조간대에 살며, 사람이 가까이 오면 재빨리 바위틈에 숨거나 또는 인근의 물속으로 피한다. 납작게는 통상 해안가의 바위나 돌 등을 들어 올리면 다수의 개체가 같이 있는 것을 볼 수 있다.

新자산어보에서 풀게는 십각목(Decapoda), 바위게과(Grasidae)에 속하는 생물이다. 풀게의 갑각윤곽은 뒷부분이 약간 좁은 형태의 사각형을 나타내고 있다. 동일 속의 무늬발게(Hemigrapsus sanguineus)와 외부형이 유사하지만 색깔변화가 매우 심한 편이다. 집게다리는 수컷이 크고 억세게 생겼으며, 암컷은 상대적으로 매우 작다. 수컷 집게발의 끝부분에는 털이 나있다. 풀게는 우리나라 전 연안의 바위나 자갈에서 흔히 볼 수 있으며, 행동양상은 납작게와 동일하다. 우리나라의 일부 해역에서는 2종을 튀김 또는게장 등의 형태로 식용하고 있다.

뿔물맞이게 *Pugettia quadridens* (De Haan, 1839)

자산어보에는 '율해(栗蟹)' 로 표기되어 있다. 율해는 "크기는 복숭아씨만 하고, 모양은 복숭아씨를 쪼개 놓은 것 같다. 뒤쪽이 뾰쪽하고, 머리가 높으며 빛깔은 검고 등은 매미 같으며, 다리는 모두 길이가 가늘고 한 자 정도이다. 두 집게발의 길이는 두 자 정도이고 입은 거미를 닮았다. 거꾸로 또는 옆으로는 가지 못하며 앞으로 향해 갈 수 있다. 항상 깊은 물속에 있다. 맛은 달콤하기가 밤 같다. 그러므로 이 이름이 주어진 것이다." 라고 표현하고 있다.

新자산어보에서 뿔물맞이게는 십각목(Decapoda), 물맞이게과(Majidae)에 속하는 생물이다. 뿔물맞이게의 등면은 해조류나 해면 등이 붙어 있는데 이는 개체보호를 위한 위장의 방편이다. 개체의 수컷은 암컷과 비교하여 등의 돌기가 강하다. 또한 수컷은 갑각의 나비도 넓고 집게다리도 매우 크며 억세게 생겼다. 체색의 변이가 있으나 주로 녹갈색을 띠며 위장에 이용되는 생물의 체색을 나타내기도 한다. 뿔물맞이게는 우리나라 전 연안에 서식하며 물이 맑고 해조류가 많은 바위에 주로 분포한다.

말백합 *Meretrix petechialis* (Lamarck, 1818)

자산어보에는 '비합(枇蛤)'으로 표기되어 있다. 비합은 "큰 놈은 두 자 남짓 된다. 앞이 넓고 뒤가 깎였으며 껍질은 나무주걱을 닮았다. 색은 황백색이다. 가로무늬가 있으나 정세하지 못하다. 이것을 주걱으로 이용한다."라고 기술하고 있다.

新자산어보에서 말백합은 백합목(Veneroida), 백합과(Veneridae)에 속하는 수산자원생물이다. 말백합의 패각은 삼각형으로 두껍고 매우 단단하여 쉽게 깨지지 않는다. 패각 외부의 얇은 각피는 패각 표면에 단단히 붙어 있어서 쉽게 벗겨지지 않는다. 동일 속의 백합(M. lusoria)과 생김새가 유사하나 일반적으로 말백합이 백합보다 크다. 패각에는 톱니모양의 무늬가 있고, 백합과 비교해 비교적 둥근편이다. 체색 및 모양의 변이가 많다.

말백합은 우리나라 서해와 남해 연안에 분포한다. 갯벌에서부터 수심 10m 전후까지의 펄모래 또는 모래펄에 서식한다. 말백합은 갯벌에 묻혀 있지만 불순물을 계속해서 내뱉는 특성을 가지고 있다. 생물학적으로 각장은 6cm 전후이며, 중·대형크기의 여과섭식성이다.

말백합은 수산업적 가치가 매우 높은 종으로 식용으로 이용되고 있다. 그러나 본 종의 주된 산지였던 만경강 및 동진강 하구역의 새만금 방조제 건설에 따른 육상화로 그 개체수가 매우 감소하였다. 말백합은 산란기를 앞둔 겨울에서 봄에 맛이 가장 좋고, 개체가 만들어내는 우유빛의 액체는 태음정이라 하여 혈관계 질병의 특효약으로 이용되고 있다.

백합 *Meretrix lusoria* (Röding, 1798)

자산어보에는 '흑비합(黑枇蛤)' 으로 표기되어 있다. 흑비합은 "모양은 주걱조개와 같으나 빛깔이 검붉은 것이 다르다."라고 간결하게 기술하고 있다.

新자산어보에서 백합은 백합목(Veneroida), 백합과(Veneridae)에 속하는 수산자원생물이다. 백합의 패각은 삼각형으로 두껍고 매우 단단하다. 패각은 엷은 갈색에서 진한 갈색 등 매우 다양하며, 매끈하고 광택이 있다. 패각은 뒤쪽 끝이 뾰족한 형태이며, 두 개의 껍데기를 닫으면 사이에 틈이 벌어진다.

백합은 함경남도를 제외한 우리나라의 전 연안에 분포한다. 서식처는 담수의 영향을 받는 갯벌에서부터 수심 20m 전후까지의 펄 모래 또는 모래펄에 서식한다. 백합은 성장하면서 이동하는 습성을 가지고 있어 어린 시기에는 하구역의 모래가 많은 곳에서 살다가 커가면서 담수의 영향을 받는 만의 모래가 많은 얕은 바다로 이동하여 서식한다. 특히 어린 개체는 한천질의 끈을 내놓아 조류를 타고 이동하기도 한다.

백합은 수산업적인 가치가 매우 높은 종으로 회, 죽, 탕, 구이 및 찜 등 다양한 형태로 식용되고 있다. 본 종의 주된 산지였던 만경강 및 동진강 하구역의 새만금 방조제 건설에 따른 육상화로 그 개체수가 매우 감소하였다. 한편 백합의 껍데기는 약품 용기 또는 바둑알로 가공되기도 한다.

가무락조개 *Cyclina sinensis* (Gmelin, 1791)

자산어보에는 '세합(細蛤)'으로 표기되어 있다. 세합은 "큰 놈은 지름이 3~4치 정도로 껍질이 엷고, 가는 세로무늬가 깔려 있다. 색깔은 청흑색이지만 변하면 희게 된다."라고 간결하게 기술하고 있다. 세합은 정문기 선생이 집필한 책에서는 나박조개로 묘사되고 있으며, 후에 정석조 선생의 저서에서는 떡조개로 기술되고 있다. 그러나 자산어보에서 묘사한 내용이 너무 간결하여 떡조개 또는 가무락조개로도 고려할 수 있어서 간략한 설명을 포함하였다.

新자산어보에서 가무락조개는 백합목(Veneroida), 백합과(Veneridae)에 속하는 수산자원생물이다. 가무락조개의 패각은 원형에 가깝고 두꺼우며, 위쪽은 한쪽으로 약간 꼬부라져 있다. 패각의 표면에는 가는 성장선이 뚜렷하고 섬세하다. 외부형은 떡조개와 비슷하나 더 부풀어 있다. 체색은 서식하고 있는 퇴적물의 색깔에 따라 검은색에서부터 짙거나 옅은 황갈색에 이르기까지 비교적 다양하다.

가무락조개는 우리나라 남해와 서해 연안에 분포하며, 펄모래 또는 펄갯벌에서 수심 10m 전후의 조하대까지 서식한다. 갯벌에서는 퇴적물의 표층에서 깊이 10cm 내외까지 서식한다. 가무락조개는 중형크기의 조개로 수중의 유기물을 걸러 먹는 여과섭식자이다.

가무락조개는 수산업적인 가치가 매우 높은 종으로 탕, 구이 및 찜 등 다양한 형태로 식용되고 있다. 일부 해역에서는 가무래기 또는 모시조개라 불리고 있다. 여기에서 패각색깔이 검정색을 띠면 흑모시조개로, 흰색 또는 우윳빛을 띠면 백모시조개라고도 한다.

가리맛조개 *Sinonovacula constricta* (Lamarck, 1818)

자산어보에는 '정(蟶)' 으로 표기되어 있다. 정은 "크기는 엄지손가락만하며 길이는 6~7치 정도이다. 껍질은 무르고 연하며 빛깔은 희다. 맛이 좋다. 진흙탕 속에서 묻혀 있다." 라고 간략하게 기술하고 있다.

新자산어보에서 가리맛조개는 백합목(Veneroida), 작두콩가리맛조개과(Pharellidae)에 속하는 수산자원생물이다. 가리맛조개의 패각은 가로로 긴 형태의 사각형이다. 패각의 표피는 주름져 있고, 입수공과 출수공이 위치하는 꼭지 부분은 표피가 벗겨져 회백색이 드러나기도 한다. 체색은 황갈색의 외피로 덮여 있으며, 내부는 순백색을 띠고 있다. 입수관과 출수관의 흔적 때문에 갯벌 표면에 8자 모양의 구멍이 생기는 특징이 있다.

가리맛조개는 우리나라 서해와 남해안에 분포하며, 고운 모래가 조금 섞인 펄갯벌 조간대의 표층으로부터 깊이 30~60cm 깊이의 직선형의 구멍을 파고 서식한다. 생물학적으로 각장은 8cm 전후의 중형크기로 여과섭식성 조개류이다.

수산업적인 가치가 높은 종인 가리맛조개는 식용으로 이용되고 있다. 서해 연안에 많이 서식하였으나, 갯벌매립 및 연안오염에 따라 개체수가 급감하고 있다. 앞뒤로 긴 주머니칼 모양을 하고 있어 Jack knife조개로 불린다.

홍합 *Mytilus coruscus* (Gould, 1861)

자산어보에는 '담채(淡菜)' 와 '적담채(赤淡菜)' 로 표기되어 있는데 공통적으로 홍합을 묘사한 것으로 추정할 수 있다. 담채는 "몸은 앞이 둥글고 뒤쪽이 날카롭다. 큰 놈은 길이가 한 자 정도이고, 폭은 그 반쯤 된다. 예봉 밑에 더부룩한 털이 있으며, 수백 수천마리가 돌에 달라붙어서 무리를 이루며 조수가 밀려오면 입을 열고 밀려가면 입을 다문다. 껍질의 빛깔은 새까맣고 안쪽은 미끄러우며 검푸르다. 살의 빛깔은 붉은 것도 있고 흰 것도 있으며, 맛이 감미로워 국에도 좋고, 젓을 담가도 좋으나 말린 것이 사람에게 가장 좋다."라고 표현하고 있고, 적담채는 "크기는 홍합과 같고 껍질의 안팎이 모두 다 붉다."라고 간결하게 기술되어 있다. 따라서 담채는 홍합을, 적담채는 색깔의 변이가 있는 홍합을 표현하고 있다고 볼 수 있다.

新자산어보에서 홍합은 홍합목(Mytiloida), 홍합과(Mytilidae)에 속하는 수산자원 생물이다. 홍합은 지중해담치(Mytilus galloprovincialis)와 외형으로 유사하게 보이나, 껍질이 비교적 두껍다. 체색은 보라색을 띠는 검은색을 주로 나타낸다. 홍합은 성장맥이 거칠고, 각정은 왼쪽 끝에서 아래로 휘어져있고, 등은 직선에 가깝다.

홍합은 우리나라 전 연안에 분포하며, 조간대 저조선 아래에서 수심 10m 이내의 바위에 족사를 이용하여 부착해서 서식한다. 특히 해류의 흐름이 비교적 강하고 물이 맑은 곳에서 살아간다. 또한 개체에 따라 해조류나 따개비 등이 부착한 것을 볼 수 있다.

홍합은 수산업적으로 가치가 매우 높고 식용으로 이용되고 있으며, 동해안에서는 섭 또는 섭조개로 불리기도 한다.

굴 *Crassostrea gigas* (Thunberg, 1793)

자산어보에는 '모려(牡蠣)', '홍려(紅蠣)', '석화(石華)'로 표기되어 있는데 공통적으로 굴을 묘사한 것으로 추정할 수 있다. 모려는 "큰 놈은 지름이 한 자 남짓 되고 두 쪽을 합하면 조개와 같이 된다. 몸은 모양이 일정하지 않은 품이 구름조각 같으며 껍질은 매우 두꺼워 종이를 겹겹이 발라 놓은 것 같다. 바깥쪽은 거칠고 안쪽은 미끄러우며 그 빛깔이 눈처럼 희다. 껍질 한 쪽은 돌에 붙어 있고, 다른 한쪽의 껍질은 위를 덮고 있으나 진흙탕 속에 있는 놈은 부착하지 않고 진흙탕 속에서 떠돌아다닌다. 맛은 달콤하다. 그 껍질을 닦아 가지고 바둑알을 만든다."라고 표현하고 있다. 홍려는 "큰 놈은 3~4치 정도이고 껍질은 엷다. 색은 붉다."라고 묘사했으며, 석화는 "크기는 불과 한 치 정도이고, 껍질이 튀어나와 있으며 엷고 색이 검다. 그 안쪽은 미끄럽고 희다. 암석에 붙어 있고 꼬챙이로 채취한다."라고 간결하게 기술되어 있다.

新자산어보에서 굴은 익각목(Pterioida), 굴과(Ostreidae)에 속하는 수산자원생물이다. 굴의 패각은 두꺼우나 단단하지는 않다. 왼쪽 패각이 둥글게 부풀어 있고, 오른쪽 패각은 편평한 편이다. 패각의 표면에는 불규칙한 방사늑이 있고, 층층의 성장맥을 관찰할 수 있다. 때때로 패각의 표면에 돌기가 있는 것을 관찰할 수 있다. 굴의 안쪽 면은 흰색이고, 패각근의 흔적은 보라색을 나타내기도 한다.

굴은 우리나라 전 연안의 바위해안이나 자갈이 있는 조간대에서부터 수심 10m 이내의 조하대까지 흔히 관찰할 수 있는 종이다. 굴은 대체적으로 자연산인 경우에는 알 모양의 형태이나, 양식산은 앞뒤의 등선이 길게 늘어나는 형태를 보이기도 한다. 또한 굴은 서식환경에 따라서 껍질의 형태, 체색, 두께 및 크기에 차이가 있으며, 참굴이나 긴굴로도 불리고 있다. 굴은 수산업적인 가치가 매우 높은 종으로 국내뿐만 아니라 국외에도 널리 수출되고 있으며 탕, 구이, 젓갈 및 찜 등 다양한 형태로 이용되고 있다.

꼬막 *Tegillarca granosa* (Linnaeus, 1758)

자산어보에는 '감(蚶)' 으로 표기되어 있다. 감은 "크기는 밤만 하고 껍질은 조개를 닮아 둥글다. 빛깔은 하얗고 무늬가 세로로 열을 지어 늘어서 있으며, 줄과 줄 사이에는 도랑이 있어 기와지붕과 같다. 두 껍질의 들쑥날쑥한 면이 서로 엇갈려 맞추어져 있다. 고깃살은 노랗고 맛이 달다."라고 기술하고 있다.

新자산어보에서 꼬막은 돌조개목(Arcoida), 돌조개과(Arcidae)에 속하는 수산자원생물이다. 꼬막의 패각은 피조개(Aradara broughtonii)나 새꼬막과 비교하여 크기가 작고 패각 표면에 털이 없다. 패각에는 17~18줄의 이랑이 있고 패각의 안쪽은 흰색이며, 육질의 색은 붉은빛이다. 패각의 색깔은 서식하는 퇴적물의 종류에 따라 짙은 흑갈색에서부터 황갈색에 이르기까지 다양하다.

꼬막은 우리나라의 남해와 서해 연안에 분포하며, 파도의 영향을 적게 받는 펄 또는 모래펄의 갯벌에서부터 수심 10m 전후에 서식한다. 퇴적물의 표층으로부터 약 10cm 전후 깊이로 얕게 잠입하여 생활한다. 생물학적으로 꼬막은 완전히 성장하는 데 약 4년이 걸린다.

꼬막은 수산업적인 가치가 높은 종으로서 식용으로 이용되고 있고, 가을 찬바람이 불 때 쫄깃한 맛이 들기 시작하여 한 겨울 설을 전후해 속이 꽉 찰 정도로 탱탱해지고, 알을 품기 직전인 봄까지 좋은 맛을 유지한다. 꼬막은 패각의 껍데기에 패인 골(이랑)이 기와를 닮았다 하여 와옥자 또는 와롱자로 불리며, 살이 가득 차 있는 조개라는 뜻으로 살조개라고도 불리고 있다.

새꼬막 *Scapharca subcrenata* (Lischke, 1869)

자산어보에는 '작감(雀蚶)' 으로 표기되어 있다. 작감은 "꼬막과 유사하나 기왓골 모양의 도랑무늬가 더 가늘고 기름기가 있다. 흔히 말하기를 이것은 참새가 들어가서 변한 것이라 한다."라고 기술하고 있다. 새꼬막의 기술 중 참새가 들어가서 변한 것이다라는 부분은 상당히 이해가 난해하다.

新자산어보에서 새꼬막은 돌조개목(Arcoida), 돌조개과(Arcidae)에 속하는 수산자원생물이다. 새꼬막의 패각은 꼬막과 피조개의 중간 크기이다. 패각의 이랑은 보통 32줄 내외이다. 오른쪽 패각의 이랑은 매끈하나, 왼쪽의 이랑에는 과립이 있는 것이 특징이다.

패각의 표면은 짙은 흑갈색에서부터 황갈색에 이르기까지 다양하며, 패각의 가장자리 쪽으로 가면서 각피가 변형된 털이 흩어져 나 있다.

새꼬막은 우리나라의 남해와 서해 연안에 분포하며, 파도의 영향을 적게 받는 펄 또는 모래펄의 갯벌에서부터 수심 10m 전후에 서식한다. 퇴적물의 표층으로부터 약 10cm 전후 깊이로 얕게 잠입하여 생활한다. 새꼬막은 완전히 성장하는데 약 2년이 소요된다.

새꼬막은 수산업적인 가치가 높은 종으로 식용으로 이용되고 있다. 꼬막과 동일하게 가을 찬바람이 불 때 쫄깃한 맛이 들기 시작하여 한 겨울의 설을 전후해서 속이 꽉 찰 정도로 탱탱해지고, 알을 품기 직전인 봄까지 좋은 맛을 유지한다. 한편 새꼬막은 패총(조개무덤)에서 흔히 발견되는 생물로 아주 오래 전부터 많이 이용된 조개이다.

새조개 *Fulvia mutica* (Reeve, 1844)

자산어보에는 '작합(雀蛤)' 으로 표기되어 있다. 작합은 "큰 놈은 지름이 4~5치 정도로 껍질이 두껍고 미끄러우며 참새빛깔에 무늬가 참새털과 비슷하여 참새가 변한 것이 아닌가 하고 의심된다. 북쪽 땅에는 매우 흔하지만 남쪽에는 희귀하다."라고 기술하고 있다.

新자산어보에서 새조개는 백합목(Veneroida), 새조개과(Cardiidae)에 속하는 수산자원생물이다. 새꼬막의 패각은 전체적으로 각피가 변형된 부드러운 털이 방사상으로 덮여 있다. 패각 각정부의 표피는 기질 속으로 잠입행동을 할때 벗겨져 적갈색의 내부가 비춰지는 개체가 많다. 패각의 색깔은 광택이 있는 연한 황갈색이고 분홍색의 톱니모양의 무늬가 있다.

새조개는 우리나라 남해와 서해 연안에 분포하지만, 간간히 동해 및 제주도 연안에서 발견되기도 한다. 서식처는 수심 10m 전후의 펄모래 또는 모래펄이며, 중형크기의 여과섭식성 조개류이다.

새조개는 수산업적인 가치가 높은 종으로 회, 구이 및 즉석 데침용(샤브샤브용) 재료로서 널리 식용되고 있다. 특히 새조개의 발은 새의 부리를 닮아서 이러한 이름으로 불리고 있다는 것이 일반적이다.

둥근전복 *Haliotis discus* (Reeve, 1846)

자산어보에는 '복어(鰒魚)'로 표기되어 있다. 복어는 "큰 놈은 길이가 7~8치 정도이고 등에는 단단한 껍질이 있으며, 그 모양은 두꺼비 등과 같다. 그 안쪽은 미끄럽고 윤택하나 편평하지는 못하며 오색이 찬란하다. 왼편에는 5~6개, 혹은 8~9개의 구멍이 머리 쪽으로부터 나 있다. 꼬리의 봉우리에서부터 방안을 선회하는 선구가 나 있다. 껍질 안에 살이 있고 외면은 타원형으로 편평하다. 좌편에 있는 입에는 잔가시가 있어 꺼칠꺼칠하다. 장에 이어져 구멍을 따라 내려가다가 그 아래에 한 주머니가 있다. 그 주머니는 왼쪽 껍질과 오른쪽 살에 따라 붙어 꼬리 봉우리 바깥쪽에까지 확장되어 있다. 살코기는 맛이 달아서 날로 먹어도 좋고 익혀 먹어도 좋지만 가장 좋은 방법은 말려서 포를 만들어 먹는 방법이다. 장은 익혀 먹어도 좋고 젓을 담가 먹어도 좋으며, 종기 치료에 좋다. 봄여름에는 큰 독이 생기는데 이 독에 접촉하면 살이 부르터 종기가 되고 환부가 터진다. 그러나 가을 겨울에는 독소가 없어진다."라고 기술하고 있다. 이렇듯 자산어보에서는 전복에 대하여 형태 및 해부학적 설명과 함께 섭취 시 소위 패독의 발현양상까지 매우 자세한 설명을 곁들어 전복이 당시에도 중요한 수산생물로 고려되었음을 추정할 수 있다.

新자산어보에서 둥근전복은 원시복족목(Archaeogastropoda) 전복과(Haliotidae)에 속하는 수산자원생물이다. 둥근전복의 패각은 긴 타원형으로 두껍고 단단하다. 패각 표면은 갈색 또는 흑갈색이고, 어린 개체는 녹색을 띠기도 한다. 패각의 둘레 가장자리에는 4~5개의 돌출된 원뿔형의 호흡공이 있다. 패각의 내면에는 강한 진주광택이 있다.

둥근전복은 우리나라 전 연안에 분포하며, 서식처는 수심 3~25m 내외의 암반조하대이다. 현재 둥근전복의 개체는 대부분 육상에서 수정과 초기사육을 실시한 후 연안에 방류하여 성장한 개체들이 많다. 개체는 야행성으로 낮에는 바위나 자갈 틈 사이에 있기 때문에 관찰이 쉽지 않다. 둥근전복은 초식성 고둥류로 치설을 이용해 해조류를 갉아먹으며 성장하기 때문에 서식처 주변의 해조류 군락을 훼손하기도 한다. 따라서 마을어장에서는 일년생 해조류가 사라지는 봄 및 여름에 전복의 먹이가 되는 해조류를 별도로 투입하여 자연상태에서 양식을 시도하기도 한다. 둥근전복은 수산업적인 가치가 높은 종으로 회, 구이, 탕 및 죽 등 다양한 방법으로 식용되고 있다. 또한 둥근전복의 패각 안쪽은 나전칠기의 재료일 뿐만 아니라, 한방에서는 눈의 밝음을 결정하는 약재로서 석결명이라 불리우고 있다.

낙지 *Octopus minor* (Sasaki, 1920)

자산어보에는 '석거(石距)'로 표기되어 있다. 석거는 "큰 놈은 4~5자 정도이고 모양은 문어(章魚)를 닮았으나, 발이 더 길다. 머리는 둥글고 길며 즐겨 진흙탕 구멍 속에 든다. 9~10월이면 배 안에 밥풀과 같은 알이 있는데 즐겨 먹을 수 있다. 겨울에는 틀어박혀 구멍 속에 새끼를 낳는다. 새끼는 그 어미를 먹는다. 빛깔은 하얗고 맛은 감미로우며 회나 국 및 포에 좋다. 이를 먹으면 사람의 원기를 돋운다. 말라빠진 소에게 낙지 서 너 마리를 먹이면 곧 강한 힘을 갖게 된다."라고 기술하고 있다.

新자산어보에서 낙지는 문어목(Octopoda), 문어과(Octopodidae)에 속하는 수산자원생물이다. 낙지는 몸통, 머리 및 팔로 구성되어 있다. 몸통에는 생리적인 기능을 담당하는 장기가 들어 있고, 몸통과 팔 사이에 있는 머리에 뇌가 있으며 좌우 한 쌍의 눈이 붙어있다. 몸통의 외형은 길게 늘어난 타원형으로 다리의 길이는 몸통길이와 비교해 매우 길며 8개이다. 몸통의 색깔은 살아 있을 때 자극을 받지 않으면 전체적으로 짙거나 옅은 회색을 띠지만, 자극을 받으면 검붉은색 등의 다양한 색깔로 위장하거나 위협색을 나타낸다. 개체가 서식하는 해역의 환경에 따라 다양한 변종 또는 아종들이 많이 있는 것으로 알려져 있다.

낙지는 우리나라 서남해안에 분포하며, 서식처는 펄갯벌의 하부에서부터 수심 100m 내외이다. 또한 조간대의 돌 밑이나 모래 또는 진흙질의 펄 속에 깊은 굴을 파고 서식하기도 한다. 생물학적으로 몸통길이 30cm 내외의 중형크기 두족류로 개체의 부화시기와 서식환경에 따라 크기도 다양하다. 봄에 알을 낳고 약 2~3개월간의 포란 과정을 거치며, 5~6월에 알이 부화한다. 낙지는 수산업적인 가치가 높은 종으로 회, 구이 및 탕 등 다양한 방법으로 식용되고 있다.

낙지의 어획은 펄 위에서 구멍을 보고 가래라는 막대기와 삽을 이용하여 잡으나, 일부 지역에서는 야간에 불빛을 이용하여 갯벌에서 헤엄치는 개체를 잡기도 한다.

(사진출처: www.jeonlado.com)

군소 *Aplysia kurodai* (Baba, 1937)

자산어보에는 '굴명충(屈明蟲)'으로 표기되어 있다. 굴명충은 "큰 놈은 길이가 한 자 다섯 치 정도이고 그 둘레도 또한 이와 같다. 모양은 새끼를 품은 닭과 같고 꼬리가 없다. 머리나 목이 겨우 올라 있고 귀는 고양이와 같다. 배 밑에 해삼의 발과 비슷한 것이 있으나 헤엄은 치지 못한다. 빛깔은 까맣고 붉은 무늬가 있다. 온 몸이 모두 피로 되어 있어 맛이 없다. 영남사람들은 이것을 먹는다. 백 번 씻어 피를 없애지 않고는 먹지 못한다."라고 기술하고 있다.

新자산어보에서 군소는 무순목(Anaspidea, 군소목-Aplysiacea), 군소과(Aplysiidae)에 속하는 수산자원생물이다. 군소는 겉표면에 검은 갈색 바탕에 하얀색의 크고 작은 반점이 무수히 산재해 있다. 군소는 전체 몸 길이가 40cm에 이르기도 하여 군소과에 포함되는 종 가운데 가장 크다. 군소 육질부 내에 있는 패각은 얇고 볼록한 형태를 하고 있다. 군소는 외부의 자극을 받으면 표피의 오른쪽 아래에 있는 샘에서 많은 양의 보라색 액체를 분비한다.

군소는 우리나라 전 연안에 분포하며 서식처는 수심 5~10m 내외이다. 군소는 봄부터 여름에 특히 해안으로 많이 나오며 노란색 계열에 털실모양 형태의 알을 산란한다. 군소는 해조류를 갉아먹는 조식동물로 성장이 매우 빨라 수온이 높은 시기에 체중이 급격히 증가한다.

군소는 동해안 지역에서 주로 삶아 식용으로 이용하고 있으며, 서해안의 일부 도서에서도 섭취하나 대중화되어 있지는 않다. 군소는 삶아 놓으면 그 맛이 씁쓸한 편이다.

노무라입깃해파리 *Nemopilema nomurai* (Kishinouye, 1922)

자산어보에는 '해타(海鮀)'로 표기되어 있다. 해타는 "큰 놈은 길이가 5~6자 정도이다. 넓이도 길이와 같다. 머리와 꼬리가 없고, 얼굴도 눈도 없다. 몸은 연하게 엉켜 있고, 모양은 중이 삿갓을 쓴 것과 같으며 허리에는 치마를 달아 그 발에 걸쳐 가지고 헤엄친다. 삿갓 차양에는 무수한 짧은 머리가 있다. 그 아래는 목같이 생겼고 경사가 완만하여 어깨처럼 보인다. 어깨아래는 네 다리로 갈라져 있다. 전진할 때에는 다리가 하나로 붙어 합해지며, 무르녹을 듯이 나약하여 우산 같고 밖으로 처진 듯이 헤엄친다. 조수를 따라 항구로 들어왔다가 조수가 밀려나가면 밑바닥에 늘어붙어 움직이지 못하고 죽는다. 육지 사람들은 익혀먹으며 혹은 회로 만들어 먹기도 한다."라고 기술하고 있다. 우리나라에서 대표적으로 출현하는 종은 보름달물해파리(Aurellia aurita)와 노무라입깃해파리가 있으나, 본문에서는 노무라입깃해파리를 선정하여 그 간략한 설명을 기술하였다.

新자산어보에서 노무라입깃해파리는 근구해파리목(Rhizostomeae), 근구해파리과(Rhizostomatidae)에 속하는 생물이다. 노무라입깃해파리는 머리직경이 1m를 초과하는 초대형의 개체들로 우산의 색깔은 갈색이 대부분이나, 회색과 분홍색도 있다. 촉수는 우산 직경의 3~4배이며, 긴 것은 10m를 넘기도 한다. 노무라입깃해파리는 전 세계적으로 식용해파리 11종 가운데 하나로 우리나라에서도 1960~70년대에는 일부 식용으로 이용하기도 하였으나 지금은 먹지 않는다. 노무라입깃해파리는 우리나라의 전 연안에 분포한다. 이 종은 주로 동중국해 부근에서 발생하여 쿠로시오 난류를 타고 계절에 따라 우리나라의 남해와 동, 서해로 북상한다. 개체의 촉수에 강한 독성을 지니고 있어 대부분의 어류들은 촉수에 닿기만 해도 마비되며 신선도가 떨어져 상품성이 없어진다. 동해와 서해 정치망 어장에 들어와 어류의 신선도를 떨어뜨리고 망을 파손시켜 어업에 큰 손실을 입히고 있다. 노무라입깃해파리를 포함하여 해파리가 연안 쪽으로 이동하면 폭풍이 온다는 것을 예측할 수 있다고 하는데, 이것은 폭풍우의 초음파 주파수(8~13Hz)를 해파리가 인지하여 피한다는 생리적 특성을 이용한다고 볼 수 있다.

돌기해삼 *Apostichopus japonicus* (Selenka, 1867)

자산어보에는 '해삼(海蔘)' 으로 표기되어 있다. 해삼은 "큰 놈은 두 자 정도로 몸이 참외와 같고 온몸에 잔 젖꼭지 같은 것이 있는데, 이 또한 참외와 같다. 양쪽머리가 미미하게 깎여져 있다. 그 한쪽머리에는 입이 있고 다른 한 머리에는 항문이 있다. 배 안에 물체가 있는 바, 그 모양은 밤송이 같으며 장은 닭과 같고 껍질이 아주 연하여 잡아 올리면 끊어진다. 배 밑에 발이 백 개나 붙어 있어 잘 걷는다. 헤엄은 못 치며 행동이 매우 둔하다. 빛깔은 새까맣고 살은 검푸르다. 우리나라 동 · 서 · 남해 바다에 거의 서식한다. 전복과 담채와 해삼을 삼화라 한다."라고 기술하고 있다.

新자산어보에서 돌기해삼은 순수목(Aspidochirotida), 돌기해삼과(Stichopodidae)에 속하는 수산자원생물이다. 돌기해삼의 몸통은 원통모양으로 뒤끝이 약간 나 있는 형태이다. 몸통의 표면에는 부드럽지만 크고 강하게 보이는 돌기들이 솟아있고, 그 사이사이에 수 많은 작은 돌기가 돌출해 있다. 체색은 노란색, 검정색, 갈색, 녹색, 붉은색 등 다양하다. 외양에서 바위에 부착된 홍조류를 먹고 사는 해삼은 붉은색을 내지만, 내만에서 펄 속의 유기물을 주로 먹고 사는 해삼은 암녹색이나 암흑색을 띤다.

돌기해삼은 우리나라 전 연안에 분포하며 수심 20~30m의 다양한 저서환경에서 서식한다. 생물학적으로 10~30cm 크기의 퇴적물 섭식성 생물이다. 개체는 느린 속도로 퇴적물의 표면을 이동하면서 퇴적물의 종류와 무관하게 섭식하며 퇴적물의 영양분을 흡수하고 찌꺼기는 배출하는 방식을 나타낸다.

돌기해삼은 수온이 19℃ 이하에서 성장이 왕성하고, 20℃ 이상에서는 성장이 정지되며 24℃ 이상이 되면 활동을 하지 않고 여름잠을 잔다. 성장기는 해역에 따라 차이가 있다. 개체는 재생력이 강해서 적의 피습을 받거나 또는 인위적으로 강한 자극을 주면 창자를 버리거나 몸을 스스로 끊어버리는데 수개월 정도가 지나면 파손된 곳은 다시 재생된다. 또한 체내에 홀로톡신을 가지고 있어서 식물성 병원균을 포함한 각종 곰팡이 및 효모에 강한 항균력을 나타내 습진 및 무좀치료에 효과가 있는 것으로 알려져 있다.

구멍갈파래 *Ulva pertusa* (Kjellman, 1897)

新자산어보에서 구멍갈파래는 갈파래목(Ulvales), 갈파래과(Ulvaceae)에 속하는 식물로 식물체는 녹색이며 식물체가 바위에 부착하는 부분(기부)은 물결모양으로 꾸불꾸불하게 휘어져 있지만 위로 갈수록 넓게 펼쳐져 전체적인 형태는 불규칙하게 넓은 엽상형으로 자란다. 식물체는 줄기를 가지지 않고 기부에서 가근 다발을 내어 암반에 단독 또는 2~3개가 뭉쳐나고 크기는 10~30cm에 달한다. 식물체 하부는 매우 두껍고 크고 작은 구멍이 많이 생기며, 이 구멍은 서로 연결되기도 한다. 식물체의 가장자리는 매끈하지만 성숙한 식물체는 불규칙하게 찢어지기도 한다. 또한 성숙하면 식물체의 가장자리 부분에 있는 세포가 유주자(zoospore)로 변하여 황색을 띠며 유주자를 방출하고 나면 가장자리가 하얗게 변한다.

서식지는 담수가 유입되는 지역, 해안가 암반의 조수웅덩이와 조간대 상부에서 조간대 하부까지 자라지만, 하부에 큰 군락을 이루며 생육한다. 특히 항구나 내만에는 1m 이상 큰 것도 관찰된다. 국내에는 동 · 서 · 남해안의 각지에 연중 분포한다. 예로부터 파래는 날것으로, 또 산간벽지에서는 건조된 것을 다양하게 양념하여 반찬으로 먹었다. 어촌에서는 파래로 김치를 담가 먹기도 하였으며, 체내 콜레스테롤 수치를 저하시키는 작용이 다른 해조류와 비교해 뛰어나다.

청각 *Codium fragile* (Suringar) Hariot, 1889

자산어보에는 '청각채(靑角菜)' 로 표기되어 있고, "뿌리 · 줄기 · 가지가 모두 토의초(土衣草)를 닮았으나 둥글다. 감촉은 매끄러우며 빛깔은 검푸르고 맛은 담담하여 김치의 맛을 돋운다. 5~6월에 나서 8~9월에 다 성장한다."고 서술하고 있다.

新자산어보에서 청각은 깃털말목(Bryopsidales), 청각과(Codiaceae)에 속하며, 식물체는 짙은 녹색으로 손가락모양을 하고 있다. 몸은 원주상으로 높이 10~30cm 내외이나 그 이상 자라는 개체도 있으며, 굵기는 1.5~10mm 내외이다. 기부는 원반상으로 암반, 조개껍질 등에 붙어 자란다. 가지는 두 갈래 또는 세 갈래로 갈라져 사슴뿔 모양으로 곧게 자라고, 모두 같은 높이에 달하여 부채꼴 모양을 이룬다. 식물체의 표면은 융처럼 부드럽고, 현미경으로 보면 식물체 내부는 실처럼 생긴 투명한 조직이 불규칙하게 엉켜있다. 어린 것은 식물체 표면에 털이 있지만 후에 떨어지고 털이 있던 자국만 남는다. 몸 전체는 세포 사이에 막이 없이 모두 연결되어 하나의 세포에 여러 개의 세포핵이 들어있는 구조이다. 서식지는 파도의 영향을 적게 받으며, 육지로부터 흘러 들어온 물의 영향을 받지 않는 수심 10~20m에 자라며 연중 관찰된다.

일본에서는 바다 속에 사는 소나무란 뜻으로 미루(ミル)라고 부르며, 국내에서는 배추 등과 함께 물김치를 담거나 나물처럼 무쳐 먹기도 한다. 김치를 담글 때 넣으며 젓갈이나 생선의 비린내, 마늘냄새를 중화시켜 개운한 맛을 낸다고 전해진다. 예전에는 구충성분이 있어 회충약으로 사용되기도 하였으며, 최근 들어 청각의 추출물은 세균에 대한 항생 작용을 가진다고 보고되고 있다.

톳 *Hizikia fusiformis* (Harvey) Okamura, 1932

자산어보에는 '토의채(土衣菜)' 로 표기되어 있다. "길이는 8~9자 정도이다. 한 뿌리에 한 줄기가 난다. 줄기의 크기는 새끼줄 같으며, 잎은 금은화(金銀花)의 꽃망울을 닮아 가운데는 가늘고 끝이 두툼한데, 그 끝은 날카롭고 속이 비어 있다. 번식하는 지대는 지종과 같은 층이다. 맛은 담담하고 산뜻하여 삶아먹으면 좋다." 고 서술하고 있다.

新자산어보에서 톳은 모자반목(Fucales), 모자반과(Sargassaceae)에 속하며, 식물체는 황갈색으로 손가락 모양의 부착기에서 끈 모양의 줄기가 여러 개 나오며 원주상의 가는 줄기를 형성하고 있다. 줄기는 직립하고 부착기 근처에서 짧은 간격으로 가지를 낸다. 가지는 아주 짧고 그 가지에 여러 개의 잎과 기포(기낭)를 가진다. 어린 개체에서 편평하고 두꺼운 다육질의 잎이 2~4개 방사상으로 나며, 그 가운데에서 줄기가 나온다. 성숙한 잎은 막대 모양 또는 나뭇잎 모양이며 거치가 있고, 이 두 가지 모양의 잎이 모두 나타나는 경우도 있다. 가지는 단단하고 원주상이며, 상부에서 편평하거나 거치를 갖는다. 기포(낭)는 방추형이다. 늦여름~초가을에 발아하여 4~5월 이후 생식을 한다. 또한 부착기에서 가을에 새싹이 돋아나는 다년생 해조이다. 외해에 면한 평탄하거나 완만한 경사의 암반 조간대 하부에서 살 발달한다. 일본과 우리나라에 분포하고 있다. 우리나라에는 동해의 주문진 이남에서 서해의 장산곶까지 분포하며, 제주도와 서남해안에 많이 분포하고 있다. 마산, 진해, 창원, 거제에서는 '톳나물' 이라 하며, 고창에서는 '따시래기', '흙배기' 라고 부른다. 제주지역에서는 보릿고개가 존재했을 당시 약간의 곡식과 톳을 넣어 '톳밥' 을 지어 구황식품으로 이용하였다. 사슴꼬리와 유사하다고 하여 '녹미채(鹿尾菜)' 라 부르기도 한다. 톳은 칼슘, 요오드, 철 등의 무기염류와 섬유질을 포함하고 있어 무침, 샐러드 냉국 등으로 요리하여 섭취하며 제주도와 남해안에서 채취된 톳은 일본으로 수출되고 있다.

미역 *Undaria pinnatifida* (Harvey) Suringar, 1873

자산어보에는 '해대(海帶)', '감곽(甘藿)' 으로 표기되어 있다. "길이는 10자 정도로 한 뿌리에서 잎이 나오고, 그 뿌리 가운데에서 한 줄기가 나오고, 그 줄기에서 두 날개가 나온다. 그 날개 안은 단단하고 바깥쪽은 부드러우며, 주름이 도장을 찍은 것과 같다. 그 잎은 옥수수잎과 비슷하다. 1~2월에 뿌리가 나오고, 6~7월에 따서 말린다. 뿌리의 맛은 달고 잎의 맛은 담담하다. 임산부의 여러 가지 병을 고치는데 이보다 나은 것이 없다. 그것들이 자라는 곳은 해조(海藻)와 같은 지대(地帶)이다. 본초강목(本草綱目)에서 해대는 해조와 닮았으며, 거칠고 부드럽고 질기며 길다. 이를 먹으면 주로 성장을 재촉하고 부인병을 고친다 했는데 이는 곧 미역이다."라고 서술하고 있다.

新자산어보에서 미역은 다시마목(Laminariales), 미역과(Alariaceae)에 속한다. 식물체는 갈색이며 막질로 미끌미끌하고 크기는 1m 내외이다. 외형적으로는 육상식물처럼 뿌리, 줄기, 잎의 구분이 뚜렷하게 보인다. 뿌리는 수지상 또는 나뭇가지 모양이고 뿌리에서 자라난 줄기는 납작한 막대기 형태를 하고 있으며, 줄기의 좌우에 깃털과 같은 막이 만들어져 혀 모양의 가지 잎을 낸다. 뿌리와 줄기가 만나는 부분에 많은 주름을 가지는 포자엽이 형성되는데 모양이 마치 목도리 모양을 하고 있다. 포자엽은 미역귀라고도 불린다. 미역은 1년생으로 가을에서 다음해 봄까지 생장하고 봄에서 여름기간 동안 유주자를 내어서 번식한다.

미역은 잎의 형태적 차이나 지리적 분포에 의해서 남방형과 북방형으로 나뉘는데, 남방형은 일반적으로 식물체의 길이에 비해서 혀 모양의 가지 잎이 많으나, 가지 잎 사이의 깊이가 얕고 포자엽의 주름수가 적다. 남방형은 남해안의 얕은 곳에 많이 생육하고 있다. 반면 북방형은 식물체가 대형이고 줄기가 길고 식물체의 길이에 비해 가지 잎이 적으며, 가지 잎 사이의 깊이가 깊고 포자엽의 주름수가 많다. 북방형은 동해안 북부 또는 깊은 수심에 생육한다.

서식지는 연안의 저조선 부근 암반에 군락을 이루며 생활을 하나 깊은 수심에도 서식한다. 서해안의 백령도에서 동해안의 최북단을 포함한 동, 서, 남해안의 도서지역에 분포한다.

미역은 무기질, 비타민 및 섬유질 성분, 점질성 다당류 등이 풍부하며, 갑상선 호르몬의 주성분인 요오드의 함량도 높아 신진대사를 활발하게 하고 산후조리 및 변비와 비만 예방에 탁월할 뿐만 아니라 혈압 강하작용을 하는 라미닌(Laminine)이라는 아미노산이 함유되어 있어 널리 애용되고 있다. 한방에서는 미역을 해체(海菜)나 감곽(甘藿), 자체(紫菜), 해대(海帶) 등으로 부르며, 당나라 서견(徐堅)의 '초학기(初學記)'에서는 "고래가 새끼를 낳은 뒤 미역을 뜯어 먹어 산후의 상처를 낫게 하는 것을 보고 고려 사람들이 산모에게 미역을 먹인다."는 기록이 있다고 한다.

가시파래 *Ulva prolifera* (O.F.Müller, 1778)

자산어보에는 '감태(甘苔)'로 표기되어 있다. "모양은 매산태(莓山苔)를 닮았으나 약간 크며, 길이가 수 자 정도 되고 맛이 달다. 초겨울에 나기 시작하여, 짠 흑탕물에서 자란다. 이상과 같은 여러 가지 태는 모두 돌에 붙어 서식하고 돌 위에 퍼져 있다."라고 서술하고 있다.

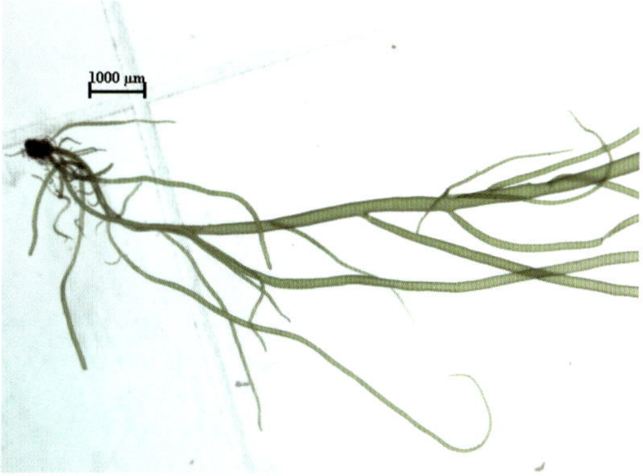

新자산어보에서 가시파래는 갈파래목(Ulvales), 갈파래과(Ulvaceae)에 속하는 식물이다. 식물체는 곱게 서고, 녹색 또는 연녹색을 띠며 얇은 막으로 된 원통모양으로 실처럼 가늘지만, 위로 갈수록 조금 넓어지고 이리저리 굽는다. 길이는 10~30cm 정도이나 모양과 크기가 매우 다양하여 수 m에 이르는 것도 있다. 식물체 전체에서 가늘고 끝이 뾰족한 가지를 낸다. 점상의 작은 기부로 암반, 자갈, 무척추동물 패각, 펄 등에 부착한다. 내만(內灣) 또는 민물의 유입으로 영양이 풍부하고 오염원이 없는 강어귀 등지에서 서식하며, 김 양식장에서도 많이 발견된다. 우리나라 전역을 비롯한 전 세계에 분포한다. 수온이 10℃ 이상 되는 3월에 포자를 방출하고 9월 이후 수온이 15℃ 이상이며 낮의 길이가 8시간 이상일 때 배우자를 방출하여 생식이 이루어진다. 12~2월에 급속히 자란다.

우리나라의 주산지는 부산 가덕도 해역을 비롯하여 경남 사천, 전남 장흥, 무안 등지이다. 주로 손이나 채취기를 사용하여 자연군락을 이루고 있는 서식지에서 4~6회 가량 수시로 채취한다. 무기염류와 비타민이 풍부하며 향기와 맛이 독특하다. 익혀먹기보다 생으로 무쳐 밑반찬으로 많이 요리하여 섭취하고 남도지방에서는 '감태김치(감태지)'를 담가 먹는다. 이외에 잼, 스프, 과자의 첨가물로도 사용된다. 최근 환경오염으로 생산량이 줄어들면서 양식을 시작하였으며 다른 해조류에 비해 양식방법이 쉽고 경제성이 높으며 채취가 용이하여 새로운 양식품종으로 각광받고 있다.

참김 *Pyropia tenera* (Kjellman) N.Kukuchi, M.Miyata, M.S.Hwang et H.G.Choi, 2011

자산어보에는 '해태(海苔)' 로 표기되어 있다. "뿌리가 있는데 돌에 붙어있으며, 가지가 없다. 돌 위에 퍼져 있고 빛깔은 푸르다. '본초(本草)' 에는 건태(乾苔)에 대한 기록이 보인다. 이시진(李時珍)은 장발(張勃)의 '오록(吳錄)' 을 인용하여 기록하기를 "붉은 강리(江蘺)는 바닷물 속에서 생겨나는데 색은 푸른색이고 줄기는 산발을 한 머리를 닮았다고 했다. 이는 모두 해태를 가리키고 있다."고 서술하고 있다.

新자산어보에서 참김은 보라털목(Bangiales), 보라털과(Bangiaceae)에 속하는 식물이다. 식물체는 검붉은 색의 막질이고 얇은 종이와 같다. 긴 타원형 또는 도피침형(거꾸로 된 피침모양)으로 길이 14~15cm이며 너비는 5~12cm이다. 가장자리에 주름이 있고 잎의 위쪽은 붉은 빛의 갈색이며, 아래쪽은 푸른빛을 띤 녹색이다. 단층의 세포로 이루어져 있으며, 잎 가장 아래쪽 세포는 헛뿌리를 낸다. 암반 또는 갈대의 기부 등을 포함하여 다양한 기질에 부착하고, 흔히 기수역 등 파도의 영향이 적은 저염도 수역에 출현한다. 일본과 우리나라에 분포하며, 우리나라에는 1월 초부터 3월 말까지 주로 남해안 중 · 동부 지역의 소하천이 유입되는 기수역에 출현한다. 참김이 우리나라 김 양식장의 우점종이였으나, 김 양식기술이 보급되어 일반화되면서 대부분의 김 양식장에서 환경 적응력이 우수한 방사무늬김(P. yezoensis)으로 대체되어, 현재는 남해안의 일부 지역에서만 관찰되는 희귀종으로 남아 있다.

또한, 자산어보에서는 해태를 자채(紫菜), 엽자채(葉紫菜), 가자채(假紫菜), 세자채(細紫菜), 조자채(早紫菜), 취자채(脆紫菜)의 여섯 종으로 분류하고 있다. 이 종이 포함된 김류는 미역, 다시마와 함께 우리나라에서 가장 많이 소비되는 해조류로 독특한 향기와 맛이 있어 밥반찬으로 인기가 높다.

우뭇가사리 *Gelidium amansii* (Lamouroux) Lamouroux, 1813

자산어보에는 '해동초(海凍草)', '우모초(牛毛草)'로 표기되어 있다. "외모는 섬가사리[蟾加士里= 섬가채(蟾加菜)]를 닮았다. 단, 몸이 납작하다. 가지 사이에 잎이 있는데 매우 가늘고 빛깔이 보라색으로 특이하다. 여름철에 삶아서 우무 고약을 만들면 죽이 굳어져 맑고 매끄럽고 부드러워 씹을 만한 음식물이 된다."고 서술되어 있다.

新자산어보에서 우뭇가사리는 우뭇가사리목(Gelidiales), 우뭇가사리과(Gelidiaceae)에 속하는 식물이다. 식물체는 자홍색이며 크기는 10~30cm 내외이나 그 이상 자라는 개체도 있다. 기부로부터 여러 개체가 뭉쳐나며, 연골질의 납작한 줄기로부터 깃털 모양의 편압된 가지를 낸다. 가지는 불규칙하게 호생(어긋나기) 또는 대생(마주나기)으로 분지하고 끝은 뾰족하다. 전체적인 식물체의 모양은 부채꼴을 이루고 있다. 사분포자낭은 소지 끝에 생기며 긴 타원형 또는 긴 주걱모양이다.

다년생식물로 연중 살고 있으나 여름의 번식기가 지나면 본체의 상부는 녹아 없어지고 하부만 남아 있다가 다음해 봄에 다시 새로운 가지가 돋아나는 한편 포자에서 발아한 개체도 함께 자라난다. 서식지는 조류의 소통이 양호한 저조선 부근 얇은 수심의 암반에서 깊은 수심지역까지 군락을 이루며 서식한다. 도서지역을 포함한 국내 전 연안에 분포한다.

지역에 따라 '우무' '천초' '까사리' '우미' 등의 다양한 이름으로 불리고 있으며, 식물체를 채취하여 깨끗이 씻어서 햇빛에 말린 것을 삶아서 찌꺼기를 걸러내 식히면 우무가 된다. 이들은 칼로리가 낮아 다이어트 식품으로 각광을 받고 있으며, 아이스크림이나 잼을 만들 때 점성을 주기 위해서 시용되기도 하고 화장품 제조 시 색소나 첨가물이 침전되지않도록 만드는 안정제로 사용된다.

풀가사리 *Gloiopeltis tenax* (Turner) Decaisne, 1842

자산어보에는 '섬가채(蟾加菜)', '섬가사리(蟾加士里)'로 기록되어 있다. "뿌리와 줄기와 가지가 갈라져 번식하는 모습이 석기생(石寄生)과 비슷하다. 그러나 모두 섬세하고 깔깔하여 소리가 난다. 빛깔은 붉다. 햇볕에 오래 말려 두면 노랗게 변하며 매우 끈끈하고 미끄럽다. 이것을 이용하여 풀을 쓰면 밀가루와 다름이 없다. 번식하는 지대는 종가사리(騣加士里)와 같다. 일본인은 종가사리와 이것을 사기 위해 상선(商船)을 보낸다. 혹은 베와 비단에 바르는 데에도 사용한다. 이시진(李詩珍)은 말하길 녹각채(鹿角菜)는 바다 속의 돌언덕 사이에 번식하며 그 길이는 3~4치 정도, 크기는 철선(鐵線)과 비슷하고 끝이 갈라져 사슴뿔 모양과 같으며, 빛깔은 자황색인데, 물에 오랫동안 젖으면 곧 변하여 아교 모양으로 되고 여인들이 이용하여 머리를 빗으면 머리칼이 잘 붙어서 흩어지지 않는다고 했다. '남월지(南越志)'에는 후규(候葵)는 일명 녹각(鹿角)이라고 했다. 이는 종가사리와 섬가사리가 모두 녹각채(鹿角菜)임을 말하는 것이다."라고 기술하고 있다.

新자산어보에서 풀가사리는 돌가사리목(Gigartinales), 풀가사리과(Endocladiaceae)에 속하는 식물이다. 식물체는 적갈색으로 점액질이 풍부한 가죽질이며 긴 막대기 모양으로 높이는 5~15cm, 굵기는 1~5mm이다. 기부로부터 여러 개체가 뭉쳐나며 주축은 원기둥모양으로 풍선처럼 부풀어 있으나 상부로 갈수록 편평해진다.

줄기의 아래 부분은 잘록하며 두 갈래로 여러 차례 가지를 내고 군데군데 불규칙하게 가지를 내기도 한다. 가지의 끝부분은 뭉툭하거나 뾰족하며 때로는 아래로 굽어진다. 식물체의 형태는 생육지에 따라서 변화가 많다. 봄철에 포자가 나타나며 초여름까지 1차로 번성한 뒤 포자를 방출하고 직립체는 죽는다. 방출된 포자는 다른 곳에 부착해서 발아하여 겨울과 이듬해 봄에 새로운 직립체를 만들어내는 생장활동을 반복한다. 서식지는 조간대 상부에서 저조선 아래까지 군락을 이루며 서식한다. 남해안과 제주도 연안에 분포한다. 옷감에 사용하는 풀, 도자기용 그림물감, 회반죽 등에 첨가하여 안정화시키는 용도로 사용되고, 식품의 형태를 유지하고 감촉을 좋게 만드는 첨가제로 사용되고 있으며 생선회에 곁들이거나 샐러드 재료로 사용된다.

거머리말 *Zostera marina* (Linnaeus, 1753)

자산어보에는 '녹조대(錄條帶)', '진질(眞叱)'로 기록되어 있다. "그 뿌리는 대와 같은 바, 뿌리에는 한 줄기가 나고 줄기에는 마디가 있다. 추위가 시작될 즈음에는 마디에서 잎이 나온다.…… (중략) …… 열매는 벼 쌀과 같다. 줄기의 빛깔은 청백색, 잎의 빛깔은 청록색으로서 모두 선명하여 사랑스럽다. 그 길이는 일정하지 않은데 물이 얕고 깊음에 따라 다르다. 모래와 진흙탕이 섞인 땅에서 번식한다. 잎 사이의 줄기는 맛이 달다. 풍랑이 있을 때마다 떨어진 잎이 밀려 물가에 이른다. 이것으로 논에 거름을 한다. 이것을 불에 태워 재를 만들어 바닷물에 거르면 소금도 만들 수 있다. 그 잎이 말라 떨어지면 한 장의 백지가 되는데 그 밝고 깨끗함이 사랑스럽다. 내 생각으로는 이 풀과 닥나무를 섞어서 종이를 만들면 더 좋을 것이다. 그러나 아직 실험하지 않았다."고 서술하고 있다.

新자산어보에서 거머리말은 택사목(Alismatales) 거머리말과(Zosteraceae)에 속하는 식물이다. 식물체는 녹색으로 뿌리, 줄기, 잎의 구분이 뚜렷하며 암수 한 몸이다. 땅속줄기는 흰색이고 길게 뻗으며 마디에서 뿌리와 잎만 형성되는 짧은 가지가 자라며 끝에서 잎과 화서가 달리는 가지가 나와 직립한다. 잎은 2줄로 늘어서고 선형이며 길이 50~100cm, 너비 3~5mm 내외이나 그 이상 되기도 한다. 잎의 가장 자리는 밋밋하고 엽맥의 수는 5~7개 이며 잎의 끝 모양은 둥글지만, 생육지에 따라 변화가 많다. 12~2월에 잎만 생기는 짧은 가지와 꽃과 잎이 달리는 가지가 나오며 4~5월에 녹색으로 꽃이 피는데, 꽃은 암꽃과 수꽃이 같은 줄기에 형성된다. 꽃이 달리는 가지는 납작하고 잎집만 남으며 암꽃과 수꽃이 2줄로 배열된다. 서식지는 진흙과 모래로 구성된 얕은 바다 또는 강어귀에서 자란다. 도서지역을 포함한 국내 전 연안에 분포한다. 거머리말은 해조류(Seaweeds)와는 다르게 뿌리, 줄기, 잎의 구분이 뚜렷하여 육상식물이 바다 속에 사는 것처럼 보인다. 어린 물고기나 갑각류 등 해양생물의 서식지인 동시에 산란장 역할을 한다. 또한 해수의 유동과 파도를 막아 바다 속에 침전물을 걸러내어 물을 정화하고 광합성을 통하여 산소를 제공하며 땅속줄기가 저질을 안정화하는 기능을 한다. 뿌리줄기는 단맛이 있어 먹을 수 있으며, 해안가로 밀려나온 거머리말을 말려서 비료로 사용하기도 한다.

새우말 *Phyllospadix iwatensis* (Makino, 1931)

자산어보에는 '석조대(石條帶)', '고진질(古眞叱)'로 기록되어 있다. "잎은 가늘기가 부추 같고 길이는 너댓 자로서 열매가 없다. 번식지대는 해대(海帶, 미역) 사이이다. 말려서 엮으면 부드럽고 질겨 지붕을 덮을 수 있다."고 서술하고 있다.

新자산어보에서 새우말은 택사목(Alismatales), 거머리말과(Zosteraceae)에 속하는 식물이다. 식물체는 녹색을 띠는 다년생 해초(海草)이다. 땅속줄기는 마디 사이가 짧고 튼튼한 뿌리를 내며 잎이 뭉쳐난다. 잎은 호생(어긋나기)하고, 선형으로 길이가 20~100cm, 너비가 2~4.5mm이다. 잎의 끝 모양은 둥글고 3~5개의 엽맥을 가지며 잎 상부 가장자리는 잔 톱니모양을 하고 있다.

꽃은 3월에 피며 땅속줄기에서 나온 꽃대에 형성된다. 1~8m 수심의 암반 틈에서 자라며 일본, 중국, 우리나라를 포함하는 온대지역에 분포한다. 우리나라에는 동 · 서 · 남해안 및 제주도에서 관찰된다.

4. 흑산도의 어류

1814년 정약전 선생은 흑산도에서 17년간(1800~1816년) 유배생활을 하면서 흑산도의 수산동식물 224종의 형태, 생태, 이용방법 등을 상세히 기술한 「자산어보」를 발간하게 된다. 자산어보에 비해 더 일찍 발간된 고서로는 1425년 「경상도 지리지 토산부」와 1803년 김려가 저술한 「우해이어보」가 있다. 그러나 자산어보만큼 다양한 수산동식물을 상세히 기술한 책이 없기에 자산어보가 우리나라 최초의 수산종합박물지로 받아들여지고 있다.

따라서 우리는 역사적으로 우리 조상의 우수성을 엿볼 수 있는 자산어보를 21세기에 사는 과학자 입장에서 재조명해 보기로 하였다. 그러나 당장 현실적인 문제에 봉착하였다. 자산어보는 모두 한자로 기록되어 있고 도면이 없으며, 형태특징이 간단히 기술되어 있어 종의 실체를 파악하기가 매우 어려웠다.

다행히도 어류학자인 정문기 선생이 1977년 「흑산도의 물고기」에서 자산어보를 알기 쉽게 한글로 번역한 책이 있어 도움을 받았다. 이 문헌은 자산어보를 한글 중심으로 비교적 쉽게 해설하고 있다. 어류 104종의 크기, 형태, 체색, 어획시기, 이용방법 등 다양한 정보를 수록한 최초의 해설서이다. 이후 정석조 선생은 1998년 '해설 자산어보' 를 발간하면서「흑산도의 물고기」에서 누락된 학명(과학적으로 통일된 명칭), 그림과 고대 한문 명칭으로 표기된 생물명 등을 보완하였다.

한편, 이태원 씨는 2002년에 기행문 형식의 「현산어보를 찾아서」를 발간하였는데 저자는 흑산도를 직접 방문하여 탐문조사를 통해 흑산도의 사회, 문화, 역사적 해석을 시도하였다. 또한 최근에는 김홍석 씨가 2008년에 「우해이어보와 자산어보 연구」를 발간하면서 그간의 발간된 내용을 국어학자의 관점에서 정리하였다. 그럼에도 불구하고 흑산도 현지에서 직접 채집된 어류 표본과의 비교 분석 없이 단지 해석과 추정만으로 많은 문헌이 발간되어 왔기 때문에 자산어보의 어종명은 여전히 베일에 가려진 상태였다.

따라서 본 조사에서는 흑산도를 직접 방문하여 현지에서 사용하는 다양한 어구(낭장망, 주낙, 통발, 자망 등)를 이용하여 1년간 4계절 어획 조사를 통해 확보된 표본 중심으로 기존의 문헌과 비교, 검토하여 최종적으로 어종명을 유추하였다. 자산어보가 15년간 조사를 통해 기록된 것에 비해 우리 조사가 1년이라는 매우 짧은 기간에 이루어져야 했기 때문에 이러한 문제점을 해결하기 위하여 과거에는 없었던 어구이지만 저층트롤이라는 적극적인 어구 조사를 병행하였다. 저층트롤 조사는 흑산도 주변 2개 지점에서 가을(10월)과 봄(4월)에 이루어졌다. 한편, 흑산도 어민을 직접 방문하여 현지에서 부르는 어종 이름(방언)을 조사하여 정확한 어종명을 유추하는 데 보조 자료로 활용하였다.

우리는 우선 국립수산과학원 서해수산연구소 조현수 박사와 전남 신안군 나종태 주사의 도움으로 흑산도 현지에서 도움을 주실 분을 소개받았다. 조사기간 내내 수산자원관리공단 임금숙 씨, 흑산도 화력발전소 이영일 씨 도움이 아주 컸다. 이 두 분의 도움이 없었더라면 조사가 어려웠을 것이다. 그리고 조사가 진행되면서 흑산도 사리, 진리, 예리, 천촌리 어촌계 관계자분도 적극적으로 도움을 주셨다. 특히 흑산도수협 위판장 중매인인 박학준 씨 도움이 컸다. 그 외에도 사리어촌계 박종식 씨, 박요셉 씨, 예리어촌계 장일현 씨도 많은 도움을 주셨다. 참고로 자산어보 내용 설명에서 1자는 30.3cm, 1치는 3.3cm 이다.

-흑산도의 어업

흑산도에서 1970년대 이전부터 전승되는 어업으로 채취어업, 그물어업, 낚시어업 등이 있다. 채취어업은 미역, 돌김, 뜸북, 우무, 참몰, 가시리, 전복, 해삼, 홍합 등을 채취한다. 어구로는 미역을 채취하는 미역낫이 있으며 잠질꾼들이 물속으로 들어가 미역을 베어내는 낫이다. 거평개는 갯바위를 긁으며 돌김을 채취하는 전복껍질이다. 김칼구는 돌김을 긁어내는 갈퀴로 젓가락을 구부린 것을 후박나무 손잡이에 박는 것이다. 전복쪽 바지는 전복을 따는 자그마한 손잡이 그물이다. 빈창은 전복과 홍합을 따는 창이다. 홍합빈창은 홍합과 거북손을 따는 창이다. 구살갈쿠는 잠수업에 종사하는 잠질꾼들이 구살(성게)을 채취하는 갈퀴다. 고동갈쿠는 갯바위에 박혀 있는 고동을 채취하는 갈퀴다. 문어까꾸리는 해녀들이 잠수하여 문어를 찔러 잡는 갈퀴다.

그물어업은 그 대상이 멸치, 조기, 볼락 등이다. 흑산도에서는 챗그물로 멸치를 주로 잡으나 하태도에서는 일본 강점기 때부터 후릿그물로 멸치를 잡는 기술이 전승되고 있다. 챗그물은 그물 모양이 곡식을 까부르는 체를 닮음에서 붙여진 이름이다. 도구로는 쪽바지가 있는데 챗그물로 잡아낸 멸치를 솥에서 삶고 이를 건져낸다. 후릿그물은 바다에 넓게 둘러치고 여러 사람이 양끝을 끌어당겨 물고기를 잡는다. 어기는 음력 6~8월이다. 어장은 하태도 마을 앞 백사장이다. 후릿그물은 일본 강점기부터 사용하고 있다. 중선그물은 조기를 잡는 그물이다. 보통 조기 잡는 배와 그물을 통틀어 중선이라 한다. 중선에는 배 양쪽으로 2개의 그물을 매단다. 흑산도의 여러 섬에서는 중선으로 조기를 잡는 곳은 대둔도의 수리와 다물도에서 행해진 것으로 알려져 있으나 현재는 사례를 찾을 수 없다. 흑산도에서는 음력 1~3월, 음력 8~10월 조기파시가 이루어진다. 열기그물은 볼락류를 열기라 말하는데 어기는 음력 4~10월이다. 어장은 만재도의 여끝이다. 그물코의 직경은 약 4cm로 총길이는 70발 정도이다. 저녁에 그물을 드리우고 아침에 들어올린다.

(사진출처: 국가기록원)
1960년대와 2010년대의 어업의 모습

(사진출처: 국가기록원)
1960년대의 항구의 모습과 2010년대의 항구의 모습

낚시어업은 주낙, 외줄낚시, 대낚시 등이 전승되고 있다. 그중 주낙은 물고기의 종류에 따라 홍어주낙, 상어주낙, 등태주낙, 장어주낙이 있다. 먼저 홍어주낙은 어기가 음력 10월~이듬해 음력 3월이다. 어장은 상태도, 중태도, 하태도 서남쪽이다. 크기는 150발 길이의 몸줄에 두발 간격으로 한발 길이의 아릿줄을 단다. 홍어주낙 하나에 낚시 30개 정도를 매단다.

이렇게 만들어진 홍어주낙을 '고리' 라고 한다. 배 한척에 12~20고리의 홍어주낙을 싣는다.

상어주낙의 어기는 음력 4~6월로 상어들이 산란을 위하여 먼바다에서 바다로 올라오는 때이다. 어장은 흑산도와 장도 사이다. 크기는 긴 원줄에 4.2m 간격으로 3.4m 길이의 아릿줄을 달고 아릿줄 한쪽 끝에는 낚시를 매단다. 주낙 하나에 40개 정도의 낚시를 매단다. 미끼는 장어, 갈치, 오징어 등을 사용한다. 도구로는 샛갓닻이 있으며 홍어주낙과 상어주낙을 드리우고 고정시키는 닻이다.

등태주낙은 매가오리를 잡는 것을 말한다. 어기는 음력 4~8월이다. 등태 최대 어장은 선유봉 남서쪽 자락의 갈라리이다. 이곳을 등태밭이라 한다. 크기는 원줄에 2발 간격으로 1발 길이의 아릿줄에 낚시를 매단다. 등태낚시는 홍어낚시와 같다.

장어주낙의 어기는 음력 3~10월이다. 어장은 작은 돌무더기가 많은 곳이다. 크기는 원줄에 2발 간격으로 1발 길이의 아릿줄에 낚시를 매단다. 주낙의 단위를 바퀴라고 하는데 1바퀴에 80개의 낚시를 매단다. 미끼는 고등어이다. 외줄낚시는 한 가닥에 1~2개의 낚시바늘을 매단다. 외줄낚시에는 갈치, 조기, 농어, 가라지, 삼봉낚시가 있다. 그중 삼봉낚시는 세 갈래의 갈고리가 있는 큰 낚시로 숭어, 고등어, 가라지 등을 낚는다.

삼봉낚시의 어기는 숭어가 음력 4~5월, 고등어와 가라지가 음력 7~8월로 멸치를 쫓아 떼를 지어 갯가로 들어온다. 이때 미끼도 없는 삼봉낚시를 던지면 물고기가 걸린다.

대낚시는 낚싯대를 써서 물고기를 낚는다. 주로 볼락을 낚는다. 볼락의 어기는 음력 3~4월이다. 물때를 가리지 않고 밤에 낚는다. 어장은 상태도 북쪽 산너매라는 갯가이다. 낚싯대에 하나의 낚시를 매다는 방식이다. 오늘날 흑산도 사람들은 대부분 어업에 종사하며 우럭, 전복, 가리비, 미역 등 양식을 한다. 또한 낭장망으로 멸치를 잡거나 연승으로 홍어를 비롯한 다양한 물고기를 잡는 등 다양한 어구가 사용되고 있다.

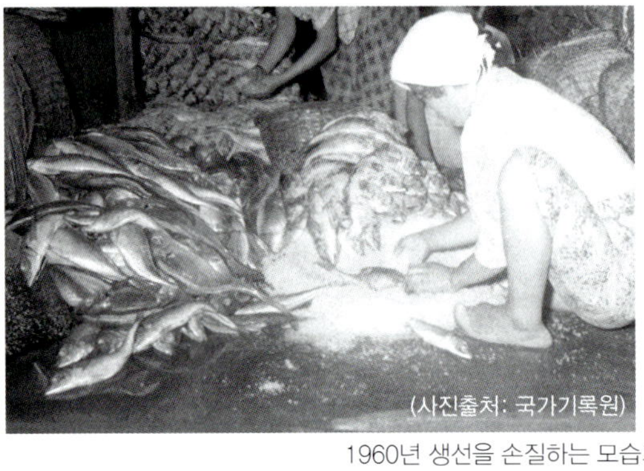

1960년 생선을 손질하는 모습과 2010년 수협 공판장의 모습

흑산도 주요 어류 목록

연골어류

No	주요 저서생물	Page	No	주요 저서생물	Page
1	곱상어	109	2	모조리상어	110
3	두툽상어	111	4	까치상어	112
5	홍어	113	6	참홍어	114
7	노랑가오리	115	8	흑가오리	116

경골어류

No	주요 저서생물	Page	No	주요 저서생물	Page
1	붕장어	117	2	갈찰갯장어	118
3	당멸치	119	4	싱어	120
5	청어	121	6	멸치	122
7	반지	123	8	풀반지	124
9	청멸	125	10	전어	126
11	밴댕이	127	12	바리밴댕이	128
13	정어리	129	14	날매퉁이	130
15	깃비늘치	131	16	투라치	132
17	줄비늘치	133	18	대구	134
19	황아귀	135	20	학공치	136
21	동갈치	137	22	민달고기	138
23	일지말락쏠치	139	24	불볼락	140
25	조피볼락	141	26	띠볼락	142
27	황해볼락	143	28	쏨뱅이	144
29	붉은쏨뱅이	145	30	풀미역치	146
31	성대	147	32	양태	148
33	까지양태	149	34	쥐노래미	150
35	노래미	151	36	삼세기	152
37	꼼치	153	38	농어	154
39	점농어	155	40	눈볼대	156
41	반딧불게르치	157	42	열동가리돔	158
43	청보리멸	159	44	가라지	160
45	전갱이	161	46	방어	162
47	주둥치	163	48	군평선이	164

49	참돔	165	50	눈강달이	166
51	민태	167	52	보구치	168
53	참조기	169	54	노랑촉수	170
55	돌돔	171	56	망상어	172
57	등가시치	173	58	무점등가시치	174
59	왜도라치	175	60	까나리	176
61	얼룩통구멍	177	62	꾹저구	178
63	도화망둑	179	64	쉬쉬망둑	180
65	다섯동갈망둑	181	66	문절망둑	182
67	독가시치	183	68	꼬치고기	184
69	갈치	185	70	고등어	186
71	삼치	187	72	샛돔	188
73	동강연치	189	74	병어	190
75	덕대	191	76	넙치	192
77	별넙치	193	78	물가자미	194
79	문치가자미	195	80	찰가자미	196
81	노랑각시서대	197	82	참서대	198
83	개서대	199	84	복섬	200
85	졸복	201	86	흰점참복	202
87	참복	203	88	자주복	204

4.1 뼈가 무른 물고기 (연골어류)

곱상어 *Squalus acanthias* (Linnaeus, 1758)

자산어보에는 '기름상어'로 표기되어 있고, 그 설명으로 "큰 놈은 7~8자 정도로 몸이 길고 면이 둥글며 빛깔은 잿빛과 같다. 지느러미와 꼬리에는 송곳 같은 가시가 하나씩 있다. 껍질은 모래처럼 단단하다. 간에는 특히 기름이 많고 온몸이 모두 기름이다. 고깃살은 백설과 같다. 굽거나 국을 끓이면 깊은 맛이 나지만 횟감으로는 그다지 적당하지 않다."라고 하였다.

新자산어보에서 이 종은 돔발상어목(Squaliformes), 돔발상어과(Squalidae)에 속한다. 몸은 길고 날씬하며 횡단면은 원통형이다. 등지느러미는 2개로 분리되어 있으며 앞끝에는 날카로운 가시가 1개씩 나 있다. 뒷지느러미가 없는 것이 특징이다. 제1등지느러미는 가슴지느러미 뒤끝보다 훨씬 뒤에서 시작된다. 몸은 회갈색 바탕에 등쪽과 옆쪽에 흰색 반점이 나타난다. 본종은 해양, 기수, 10~200m의 대륙붕과 대륙사면에 서식하며 극지방을 제외한 전 세계에 분포한다. 난태생으로 한 개체가 1~20미리를 낳는다. 최대 크기는 160cm로 물고기, 알, 오징어, 게, 새우, 조개 등을 먹는다. 상어고기를 가장 많이 먹는 지방은 경상북도 경주와 안동이다. 이곳에서는 주로 상어를 제사상의 산적으로 많이 이용한다. 그 외 간유, 통조림, 비타민, 사포 등으로 이용한다. 상어 지느러미는 중국에서 고급요리의 재료로 이용한다. 흑산도 방언은 '기름상어' 이다.

2012년 11월 흑산도 위판장에서 촬영한 곱상어

모조리상어 *Squalus megalops* (Macleay, 1881)

자산어보에는 '참상어'로 표기되어 있고, 그 설명으로 "모양은 기름상어를 닮았다. 몸은 약간 짧고 머리는 넓적하며 눈은 조금 크고 고깃살의 빛깔은 조금 불그스레하다. 맛이 담담하여 회에 좋다. 큰 놈은 강상어라고 부른다."라고 하였다.

新자산어보에서 이 종은 돔발상어목(Squaliformes), 돔발상어과(Squalidae)에 속한다. 몸은 길고 늘씬한 방추형이다. 등지느러미는 2개로 잘 분리되어 있으며 등지느러미 앞끝에는 날카롭고 강한 가시가 1개씩 있다. 뒷지느러미가 없다. 체색은 등쪽은 담갈색 또는 담청색을 띠며 배 쪽으로 갈수록 밝아진다. 꼬리지느러미 가장자리가 희다.

본종은 해양의 수심 80~300m에 서식하며, 한국, 일본, 중국, 베트남, 호주 등 넓은 지역에 걸쳐 분포한다. 난태생으로 한 개체가 2~4마리를 낳는다. 산란기에는 대형과 작은 개체가 함께 무리지어 살지만 산란기를 제외하면 따로 다닌다. 최대 크기는 71cm로 물고기, 오징어, 새우 등을 먹는다.

두툽상어 *Scyliorhinus torazame* (Tanaka, 1908)

자산어보에는 '왜상어'로 표기되어 있고, 그 설명으로 "길이는 2자 밖에 되지 않으나 모양, 빛깔, 성질, 맛 등이 모두 비근상어를 닮았다. 단지 몸이 작다는 것이 다른 점이다."라고 하였다.

新자산어보에서 이 종은 흉상어목(Carcharhiniformes), 두툽상어과(Scyliorhinidae)에 속한다. 상어 중에서 크기가 작은 상어에 속한다. 몸은 길며, 머리와 몸통은 납작하다. 눈은 가늘고 길게 찢어진 모양을 하고 있다. 등지느러미는 2개로 잘 분리되어 있으며, 몸의 뒤쪽에 치우쳐 있다. 아가미구멍은 5쌍으로 가슴지느러미 바로 앞쪽에 위치한다. 뒷지느러미는 제1등지느러미와 제2등지느러미 사이에 위치한다.
모든 지느러미는 납작한 편이다. 몸은 담갈색 바탕에 암갈색의 4각형 무늬가 나타나며 밝고 어두운 점이 있다. 배 쪽은 희다. 본종은 수심 100m 이내의 바닥에 서식하며, 한국, 일본, 중국, 필리핀 등지에 분포한다. 난생이다. 최대 크기는 약 50cm로 작은 물고기, 새우를 비롯한 저서 무척추동물을 먹는다. 주로 회로 많이 이용한다. 흑산도 방언은 '전대미' 이다.

까치상어 *Triakis scyllium* (Müller and Henle, 1839)

자산어보에는 '죽상어'로 표기되어 있고, 그 설명으로 "기름상어와 마찬가지로 큰 놈은 10자 정도로 머리는 약간 크고 넓으며 입술은 조금 모가 나도록 크다. 양편 늑골 거죽에 있는 검은 점이 줄을 이루어 꼬리에까지 뻗어 있다. 용도는 참상어와 같다."라고 하였다.

新자산어보에서 이 종은 흉상어목(Carcharhiniformes), 까치상어과(Triakidae)에 속한다. 몸은 길고 날렵한 유선형이다. 입주위에 주름이 있다. 등지느러미는 2개로 잘 분리되어 있다. 뒷지느러미는 제2등지느러미보다 약간 뒤에 위치한다. 배지느러미는 제1등지느러미와 제2등지느러미 사이에 위치한다. 체색은 담갈색 바탕에 회갈색의 띠가 10개 정도 있고 흑갈색 점이 뚜렷하게 관찰된다. 본종은 해조와 잘피가 있는 기수와 얕은 만을 선호하며 한국, 일본, 중국, 필리핀 등지에 분포한다. 난태생으로 한 개체가 9~26마리를 낳는다. 최대 크기는 150cm로 야행성이고, 작은 물고기, 새우를 비롯한 저서 무척추동물을 먹는다. 서해안에서 주로 회로 많이 이용된다. 최대 수명은 8년이다. 흑산도 방언은 '모사' 이다.

홍어 *Okamejei kenojei* (Müller and Henle, 1841)

자산어보에는 '발급어'로 표기되어 있고, 그 설명으로 "모양은 홍어를 닮았으나 작고 넓이는 2~3자에 지나지 않는다. 코는 짧고 약간 뾰족하다. 꼬리는 가늘고 짧으나 몹시 살이 쪄 있다."라고 하였다. 또한, 자산어보에는 '간자'로도 표기되어 있는데, 그 설명으로 "넓이는 1~2자에 지나지 않고, 몸이 몹시 야위었으며 빛깔이 노랗고 맛이 없다."라고 되어 있다.

新자산어보에서 이 종은 홍어목(Rajiformes), 홍어과(Rajidae)에 속한다. 몸은 마름모형으로 납작하다. 가슴지느러미는 크며 몸통과 하나로 되어 체반을 형성한다. 주둥이는 짧은 편이다. 꼬리의 등 쪽에 암컷은 5줄, 수컷은 3줄의 가시가 나있다. 꼬리의 등 쪽에는 등지느러미가 2개 있다. 비늘은 퇴화되어 몸이 매끄럽다. 체색은 눈이 있는 등 쪽은 황갈색 또는 암갈색을 띠며 눈이 없는 배 쪽은 희다. 본종은 해양의 수심 20~120m인 바닥이 모래, 펄인 곳에 서식하며 한국, 일본, 중국에 분포한다. 난생이며 가을~이른 봄(주로 11~12월)에 4~5개의 알을 산란한다. 알은 단단한 사각형 주머니에 둘러싸여 있다. 산란 후 3~8개월이 지나야 부화된다. 최대 크기는 34cm로 저서 새우류 등 무척추동물, 물고기 등을 먹는다. 이종은 홍어류 중에서 비교적 작은 종으로 회, 찜, 국 등으로 먹는다. 수명은 5~6년이다. 흑산도 방언은 '간재미' 이다.

참홍어 *Raja pulchra* (Liu, 1932)

자산어보에는 '홍어'로 표기되어 있고, 그 설명으로 "큰 놈은 넓이가 6~7자 안팎으로 암놈은 크고 수놈은 작다. 모양은 연잎과 같고 빛은 검붉고 코는 머리 부분에 자리하고 있으며 그 기부는 크고 끝이 뾰족하다. 입은 코 밑에 있고 머리와 배 사이에 일자형의 입이 있다. 이하 생략"이라고 하였다.

新자산어보에서 이 종은 홍어목(Rajiformes), 홍어과(Rajidae)에 속한다. 몸은 마름모형으로 날렵해 보인다. 가슴지느러미는 몸통과 하나로 연결되어 체반을 형성한다. 주둥이는 길고 뾰족하며 단단한 편이다. 꼬리의 등 쪽으로 2개의 등지느러미가 있다. 꼬리는 비교적 짧은 편이다. 비늘은 퇴화되어 몸이 매끄럽다. 체색은 등 쪽은 담갈색을 띠며 배 쪽은 희다. 본종은 해양의 수심 15~120m에 서식하며, 한국, 일본, 중국, 대만, 러시아 등지에 분포한다. 난생으로 알은 단단한 사각형 주머니에 둘러싸여 있다. 100cm 이상 자라는 대형종이다. 홍어국, 홍어전, 홍어찜, 등으로 이용되며(아래 사진 참조), 특히 참홍어를 삭혀 탁주와 곁들여 먹는 홍탁이 유명하다. 홍어 종류 중에서 연골이 부드럽고 근육이 찰진 이유로 한국에서는 특급 물고기로 각광받고 있다. 남획으로 인하여 지난 20년간 참홍어 어획량은 지속적으로 감소하여 한국에서는 2008년부터 TAC 대상종으로 선정하였고, IUCN(국제자연보전연맹)에서도 본종을 취약종으로 등록하였다. 지속적인 관심과 관리가 필요한 종이다. 흑산도 방언은 '홍어'이다.

2012년 11월 흑산도 K식당에서 촬영한 홍어국, 홍어전, 홍어찜(왼쪽부터)

노랑가오리 *Dasyatis akajei* (Müller and Henle, 1841)

자산어보에는 '노랑가오리'로 표기되어 있고, 그 설명으로 "모양은 청가오리와 비슷하나 등이 노랗고 간에 기름이 많다."라고 하였다.

新자산어보에서 이 종은 홍어목(Rajiformes), 색가오리과(Dasyatidae)에 속한다. 몸은 오각형에 가까운 체형을 하고 있으며 주둥이 선단부가 뾰족한 편이다. 눈의 바로 뒤에는 1개의 분수공을 가진다. 분수공은 바닥 생활을 하는 홍어나 가오리처럼 입이 바닥에 붙어 있는 경우 호흡수가 입으로 못 들어가 호흡에 지장이 있을 수 있으나 이 분수 공을 통해 호흡수가 들어가고 나온다. 꼬리는 채찍 모양으로 생겼고 날카로운 1개의 독가시가 있다. 등지느러미, 뒷지느러미와 꼬리지느러미는 없다. 수컷은 1쌍의 막대기 모양의 교미기를 가진다. 체색은 등 쪽은 황갈색을 띠며 배 쪽은 황색을 띤다. 본종은 해양의 바닥이 모래인 얕은 곳에 서식하며 한국, 일본, 중국, 인도양 등지에 분포한다. 난태생으로 5~8월에 5~10마리의 자어를 낳는다. 최대 크기 200cm로 물고기를 비롯한 저서생물을 먹는다. 특히 여름철에 맛이 좋으며 회, 찜, 무침, 연제품 원료로 이용된다. 본종은 6~10월까지 맛이 좋지만 겨울이 되면 맛이 떨어진다.

흑가오리 *Dasyatis matsubarai* (Miyosi, 1939)

자산어보에는 '묵가오리'로 표기되어 있고, 그 설명으로 "모양은 청가오리와 비슷하나 빛깔이 검은 점이 다르다."라고 하였다.

新자산어보에서 이 종은 홍어목(Rajiformes), 색가오리과(Dasyatidae)에 속한다. 몸은 오각형에 가까운 체형을 하고 있으며 노랑가오리보다 주둥이 선단부가 덜 뾰족하다. 배 쪽에 아가미구멍이 있다. 바닥에 붙은 상태에서는 분수공을 이용하여 호흡한다. 꼬리는 채찍 모양으로 가늘고 길며 1개의 크고 날카로운 독가시를 가진다. 등 쪽은 암갈색 또는 검은색을 띠며 배 쪽은 희다. 본종은 해양의 40~60m의 연안 가까운 바닥에 서식하며 한국, 일본, 러시아 등지에 분포한다. 난태생이다. 최대 크기는 120cm로 물고기를 비롯한 저서생물을 먹는다. 회, 무침, 찜으로 이용한다. 흑산도 방언은 '부엉간재미, 먹가오리' 이다.

4.2 뼈가 단단한 물고기 (경골어류)

붕장어 *Conger myrister* (Brevoort, 1856)

자산어보에는 '붕장어'로 표기되어 있고, 그 설명으로 "눈이 크고 배 안이 묵색으로서 맛이 좋다."라고 하였다.

新자산어보에서 이 종은 뱀장어목(Anguilliformes), 붕장어과(Congridae)에 속한다. 몸은 가늘고 긴 원통형으로 주둥이는 다소 뾰족하고 꼬리는 측편되어 있다. 등지느러미와 뒷지느러미는 뒤끝에서 꼬리지느러미와 부드럽게 연결된다. 옆줄공은 뚜렷하다. 옆줄공 위로 한 줄의 흰색 반점이 나타난다. 몸에는 비늘이 없고 매끄럽다. 체색은 등 쪽은 담갈색을 띠며 배 쪽은 희다. 본종은 주로 해조류가 무성한 모래와 펄인 바닥에 서식하며, 한국 전 연안, 일본, 중국 등지에 분포한다. 산란기는 4~5월로 1회에 430만 개를 산란하고 죽는다. 야행성으로 변태 이전에는 거의 먹이를 먹지 않지만 변태 후에는 물고기, 오징어, 새우 등을 먹는다. 회, 탕, 구이 등으로 이용한다. 수명은 8년 전후이다. 흑산도 방언은 '장어' 이다.

갈창갯장어 *Muraenesox bagio* (Hamilton, 1822)

자산어보에는 '갯장어'로 표기되어 있고, 그 설명으로 "입은 돼지같이 길고 이는 개와 같아서 고르지 못하다. 뼈가 더욱 견고하여 능히 사람을 물어삼킨다."라고 하였다.

新자산어보에서 이 종은 뱀장어목(Anguilliformes), 갯장어과(Muraenesocidae)에 속한다. 등지느러미 줄기는 47~59개, 가슴지느러미 줄기는 17개, 척추뼈는 128~141개, 항문까지의 옆줄 비늘은 33~39개, 항문까지의 등지느러미 줄기는 47~49개이다.

몸은 원통형으로 길게 연장되어 있으며 꼬리 쪽으로 갈수록 가늘어진다. 입이 매우 커서 뒤끝은 눈의 뒤를 훨씬 지나며 양턱에는 크고 눈에 잘 띄는 강한 송곳니가 있다. 몸의 등쪽은 청회색으로 어둡고 배 쪽은 희며 각 지느러미의 가장자리는 검다. 본종은 기수역을 포함한 수심 100m 이하의 연안에 서식하며 한국 남해안을 포함하여, 인도~서태평양에 넓게 분포한다. 최대 크기는 200cm, 최대 무게는 7.1kg으로, 주로 물고기를 먹고 게와 새우도 먹는다. 본종은 외형상 갯장어(Muraenesox cinereus)와 닮아 있고 갯장어는 주로 남해안에서 어획된다. 갯장어와는 항문까지의 옆줄 비늘 수(갯장어는 40~47개), 등지느러미 줄기 수(갯장어는 66~78개), 척추뼈 수(갯장어는 141~159개)에서 잘 구분된다.

당멸치 *Elops hawaiensis* (Regan, 1909)

자산어보에는 기록이 없는 종으로, 본종은 열대~아열대 해역에 서식하는 특성상 최근 기후변화로 인해 흑산도 해역에서 출현한 것 같다.

新자산어보에서 이 종은 당멸치목(Elopiformes), 당멸치과(Elopidae)에 속한다. 등지느러미 줄기는 22~23개, 뒷지느러미 줄기는 14개, 가슴지느러미 줄기는 17개, 배지느러미 줄기는 13~15개, 척추뼈는 65~67개이다. 몸은 길고 측편되어 있으며, 주둥이는 짧고 앞끝은 뾰족한 편이다. 위턱은 아래턱을 덮고 있으며, 위턱의 뒤끝은 눈의 뒷가장자리를 훨씬 지나고 양턱에는 작은 원뿔니가 나 있다. 등지느러미와 배지느러미는 몸의 중앙에 대칭적으로 위치하며 꼬리지느러미는 크고 중앙부가 깊게 패인 가랑이형이다. 몸은 전체적으로 은백색을 띠고 꼬리지느러미는 검다. 해양 및 담수, 기수역의 광범위한 염분 범위에서 생활 가능하고, 대부분 연안에서 만이나 강 하구로 이동하는 회유성 물고기로 어린 개체는 강으로 이동하기도 한다. 한국 남해에 분포하며, 동해 남부의 부산에서도 채집된 기록이 있고 인도~태평양 지역에 넓게 분포한다. 엽상자어(또는 엽형유생, leptocephalus)의 어린 시기를 보내며 먼 바다에서 산란한다. 엽상자어는 성장하면서 연안으로 들어온다. 일본과 한국 제주도에서 각각 5월과 8월에 엽상자어가 채집된 기록이 있으며 산란기는 봄~여름으로 추측된다. 최대 크기는 120cm, 최대 무게는 10.1kg으로, 다양한 물고기와 새우 등을 먹는다. 국내에서는 매우 희귀한 종이지만, 열대~아열대 국가에서는 물고기 사료로 사용하며 레저용으로도 인기가 좋은 물고기다. 2011년 한국어류학회지에 부산과 광양에서 채집된 2개체에 관한 보고가 있다.

싱어 *Coilia mystus* (Linnaeus, 1758)

자산어보에는 '도어'로 표기되어 있고, 그 설명으로 "큰 놈은 한 자 남짓 된다. 꼬리가 매우 길고 색은 희며 맛이 극히 감미롭다. 횟감으로 상등품이다."라고 하였다.

新자산어보에서 이 종은 청어목(Clupeiformes), 멸치과(Engraulidae)에 속한다. 등지느러미 줄기는 12~14개, 뒷지느러미 줄기는 77~86개, 가슴지느러미 줄기는 16~18개, 배지느러미 줄기는 7개, 척추뼈는 63~69개이다. 몸은 길고 심하게 측편되어 있다. 위턱이 아래턱보다 머리의 앞쪽에 돌출되어 있다. 등지느러미는 매우 짧은 반면 뒷지느러미는 매우 길다. 복부에는 배 쪽 정중선을 따라 날카로운 비늘이 1열로 나 있다. 몸의 등 쪽은 어두운 청색, 배 쪽은 밝은 황색을 띠며 뒷지느러미와 꼬리지느러미는 검다. 주로 연안에 서식하며 산란을 위해 강으로 이동한다. 한국 서해와 남해, 일본 동중국해를 포함하여 태평양 서부에 분포하며 산란기는 5~8월로 기수역에서 산란한다. 수정란은 20일이 지나면 부화하고 부화자어는 크기 2.5mm이다. 강 하류로 떠밀려 오면서 성장하고 크기 35mm가 되면 지느러미가 완성되며 여름~가을은 바다에서 월동한다. 주로 요각류를 많이 먹는다. 싱어는 웅어(Coilia nasus)와 형태가 매우 비슷하여 혼동되기도 한다. 싱어는 웅어와 뒷지느러미 색깔로 구분한다. 웅어의 뒷지느러미는 희지만, 싱어는 검다. 이들은 그물에 걸리면 금방 죽어 버리기 때문에 내장이나 머리를 떼고 얼음에 재여 놓았다가 회로 먹으면 별미다. 부산 다대포에서 해마다 봄이 되면, 웅어회를 맛보기 위해 많은 사람이 모인다. 흑산도 방언은 '송어' 이다.

청어 *Clupea pallasii* (Valenciennes, 1847)

자산어보에는 "청어"로 표기되어 있고, 그 설명으로 "길이는 한 자 남짓하며 몸이 좁고 빛깔이 푸르다. 물에서 오래 있으면 머리가 붉거진다. 맛은 담백하며 국을 끓이거나 구워 먹어도 좋고 어포를 만들어도 좋다. 정월에 알을 낳기 위해 회유해 오는데 수억 마리가 대열을 이루어 오므로 바다를 덮을 지경이다. 석달 동안 산란을 마치면 청어떼들은 곧 물러간다"라고 하였다.

新자산어보에서 이 종은 청어목(Clupeiformes), 청어과(Clupeidae)에 속한다. 등지느러미 줄기는 15~19개, 뒷지느러미 줄기는 14~19개, 배지느러미 줄기는 9개, 측선비늘수는 52~55개, 척추뼈는 50~58개이다. 체고가 다소 높고 몸은 측편되어 있다. 눈에는 기름눈까풀이 있다. 아래턱이 위턱보다 다소 돌출하고, 위턱의 뒤끝은 눈의 중앙에 이른다. 양턱에는 작은 이빨이 나있다. 가슴지느러미는 몸의 앞쪽에 위치하며 배쪽에 치우쳐 있다. 배지느러미는 등지느러미 바로 아래에 위치한다. 배쪽 가장자리를 따라 배지느러미 전후에 모비늘이 1열로 나 있다. 꼬리지느러미는 중앙이 오목하게 패인 가랑이형이다. 측선은 뚜렷하지 않다. 비늘은 탈락하기 쉬운 둥근비늘이다. 몸과 지느러미에는 뚜렷한 반문이 없다. 한해성 어류로, 한국, 일본, 중국, 러시아, 미국 등 북태평양에 걸쳐 널리 분포한다. 산란기는 주로 겨울~봄으로, 해조류가 무성하고 암초가 많은 연안 또는 내만으로 무리 지어 들어와 해조류 등에 산란한다. '추위와 함께 돌아오는 청어' 는 과메기의 주재료로 이용된다. 동해안에서는 20년 전 과메기로 꽁치를 사용하였으나, 현재는 청어가 대량 어획되면서 다시 과메기의 주재료로 사용된다.

멸치 *Engraulis japonicus* (Temminck and Schlegel, 1846)

자산어보에는 '멸치'로 표기되어 있고, 그 설명으로 "몸이 매우 작고 큰 놈은 3~4치. 빛깔은 청백색이다. 6월초에 연안에 나타나 서리 내릴 때 물러난다. 성질은 밝은 빛을 좋아한다. 밤에 어부들은 불을 밝혀 유인하여 함정에 이르면 손그물로 떠서 잡는다. 이 물고기로는 국이나 젓갈을 만들며 말려서 포도 만든다."라고 하였다.

新자산어보에서 이 종은 청어목(Clupeiformes), 멸치과(Engraulidae)에 속한다. 등지느러미 줄기수는 14~16개, 뒷지느러미 줄기수는 15~18개, 척추뼈는 44~47개이다. 몸은 원통형이다. 위턱은 아래턱보다 돌출되어 있다. 입은 큰 편으로 뒤끝은 아가미 뚜껑 앞까지 이른다. 옆줄은 없다. 배 쪽 가장자리에는 인판이 없어 매끈하다. 등지느러미는 몸의 중앙에 있으며 뒷지느러미보다 훨씬 앞에서 시작된다. 체색은 등쪽은 암청색, 배 쪽은 은백색을 띠며 측면에 은백색 띠가 있다. 본종은 해양의 수심 0~400m에 서식하며 한국 전 해역, 일본, 타이완, 중국 등에 분포한다. 산란은 정어리와 비슷하게 연안에서 행해지며 수심 20m 전후에서 산란하고 산란은 봄, 가을 2회에 대량으로 산란한다. 최대 크기는 18cm로 자어는 해초와 함께 떠다닌다. 원양성인 동시에 난류성 물고기이다. 주로 표층을 무리지어 다니며, 주광성이어서 백광등으로 유인하면 잘 잡힌다. 플랑크톤을 먹는다. 회, 무침, 건멸치, 젓갈 등으로 이용한다. 멸치라는 이름은 물 밖으로 나오면 금방 죽어버린다는 데서 유래했다. 한국산 멸치는 수명이 1년이다. 흑산도 방언은 '이루꾸' 이다.

2012년 10월 29일 흑산도 사리 낭장망 멸치 조업장면(왼쪽)과 건조장면(오른쪽)

반지 *Setipinna tenuifilis* (Valenciennes, 1948)

자산어보에는 '반도멸'로 표기되어 있고, 그 설명으로 "큰 놈은 3~4치 정도로 몸은 조금 높고 살쪘으며 짧다. 빛깔은 희다."라고 하였다.

新자산어보에서 이 종은 청어목(Clupeiformes), 멸치과(Engraulidae)에 속한다. 등지느러미 줄기는 15개, 뒷지느러미 줄기는 49~59개, 가슴지느러미 줄기는 11~13개, 배지느러미 줄기는 6개이다. 몸은 길고, 심하게 측편되어 있다. 주둥이 길이는 눈의 길이보다 조금 길고, 주둥이의 끝은 둥근 편이다. 위턱이 아래턱보다 약간 머리 앞쪽에 돌출되어 있다. 등지느러미는 몸의 중앙에 위치하며 가슴지느러미 뒤끝은 실 모양으로 길게 연장되어 뒷지느러미의 기부를 지난다. 복부의 배 쪽 정중선을 따라 날카로운 비늘이 1열로 나 있다. 몸의 등 쪽은 연한 갈색, 체측은 검은색을 띠고 배 쪽은 밝은 노란색을 띤다. 모든 지느러미는 노란색을 띠지만 꼬리지느러미의 뒤쪽 가장자리만 검다. 연안에서 무리지어 다니며 저염분에도 잘 견뎌 강 하구의 기수지역에서도 생활한다. 한국 서해와 남해, 동중국해를 포함하는 인도~서태평양에 분포한다. 산란기는 5~6월로 대만은 8월에 자어가 출현한 기록이 있으며 한국 서해, 중국, 대만 연안 등지에서 산란한다. 최대 크기는 22cm로 주로 작은 물고기, 새우, 연체동물, 동물플랑크톤 등을 먹는다. 본종은 소규모로 회, 구이, 젓갈 형태로 판매되고 있다. 특히 서해안에서는 봄~여름에 많이 잡히며, 일명 '막회' 또는 '밴댕이회' 로 불리는 회무침으로 많이 판매된다. 그러나 실제 밴댕이(Sardinella zunasi)는 청어과(Clupeidae)에 속하는 물고기로 반지와는 전혀 다른 종이다. 반지는 말리지 않고, 회나 젓갈로 이용되지만, 밴댕이는 체색이 푸른색이 강하여 '뒤포리' 로 불리며 주로 말려서 국물을 내는데 이용된다.

풀반지 *Thryssa hamiltonii* (Gray, 1835)

자산어보에는 '반도멸'로 표기되어 있고, 그 설명으로 "큰 놈은 3~4치 정도로 몸은 조금 높고 살쪘으며 짧다. 빛깔은 희다."라고 하였다.

新자산어보에서 이 종은 청어목(Clupeiformes), 멸치과(Engraulidae)에 속한다. 등지느러미 줄기는 11~12개, 뒷지느러미 줄기는 24~31개, 가슴지느러미 줄기는 12개, 배지느러미 줄기는 6개이다. 몸은 짧고 심하게 측편되어 있다. 위턱은 아래턱보다 머리의 앞끝에 많이 돌출되어 있으며 주둥이 길이는 눈의 길이와 비슷하다. 가슴지느러미, 배지느러미, 뒷지느러미는 투명하나 등지느러미와 꼬리지느러미는 약간 어둡다. 복부의 배쪽 정중선을 따라 날카로운 비늘이 1열로 나 있다. 몸의 등 쪽과 옆쪽은 청색 또는 밝은 황색을 띠며 배 쪽은 희다. 일반적으로 무리를 지어 생활하며 강 하구로도 이동한다. 한국 서해, 남해를 포함한 인도~태평양 지역에 분포하며, 호주 북동부 지역에서는 여름철에 자치어가 출현한 보고가 있어 4월이 산란기로 추측된다. 최대 길이는 27cm로 주로 새우, 동물성플랑크톤을 먹고 가끔 지렁이도 먹는다. 회, 젓갈, 구이로 많이 소비된다.

청멸 *Thryssa kammalensis* (Bleeker, 1849)

자산어보에는 '반도멸'로 표기되어 있고, 그 설명으로 "큰 놈은 3~4치 정도로 몸은 조금 높고 살쪘으며 짧다. 빛깔은 희다."라고 하였다.

新자산어보에서 이 종은 청어목(Clupeiformes), 멸치과(Engraulidae)에 속한다. 등지느러미 줄기는 11~12개, 뒷지느러미 줄기는 24~31개, 가슴지느러미 줄기는 12개, 배지느러미 줄기는 6개이다. 몸은 짧고 심하게 측편되어 있다. 위턱은 아래턱보다 머리의 앞 끝에 많이 돌출되어 있다. 주둥이 길이는 눈의 길이와 비슷하다. 가슴지느러미, 배지느러미, 뒷지느러미는 투명하나 등지느러미와 꼬리지느러미는 어둡다. 복부의 배쪽 정중선을 따라 날카로운 비늘이 1열로 나 있다. 몸의 등 쪽과 옆쪽은 푸른색을 띠지만 배 쪽은 희다. 무리지어 다니며 한국 서해, 남해를 비롯한 인도~태평양에 걸쳐 분포한다. 말레이시아에서는 1~4월에 자어 출현보고가 있으므로 겨울~봄이 산란기인 것으로 추측된다. 최대 길이는 15cm(주로 8~10cm)로 플랑크톤 등을 먹는다. 주로 말려서 국물을 내는 데 사용된다.

전어 *Konosirus punctatus* (Temminck and Schlegel, 1846)

자산어보에는 '전어'로 표기되어 있고, 그 설명으로 "큰 놈은 1자 정도로 몸이 높고 좁으며, 검푸르다. 기름이 많고 달콤하다. 흑산에도 간혹 나타나나 그 맛이 육지 가까운 데 것만은 못하다."라고 하였다.

新자산어보에서 이 종은 청어목(Clupeiformes), 청어과(Clupeidae)에 속한다. 등지느러미 줄기는 12~16개, 뒷지느러미 줄기는 17~23개, 가슴지느러미 줄기는 15개, 배지느러미 줄기는 8개, 척추뼈는 46~51개이다. 체고가 다소 높고 몸은 심하게 측편되어 있다. 복부의 배 쪽 정중선을 따라 날카로운 비늘이 1열로 나 있다. 등지느러미 마지막 줄기가 실처럼 길게 연장되어 있다. 몸의 등 쪽은 광택을 띤 청색, 배 쪽은 은색을 띠며, 아가미뚜껑 뒤쪽으로 검은 점으로 이루어진 7열의 선이 있다. 아가미 뚜껑 뒤에 검은 점은 성장하면서 커진다. 연안에서 조금 벗어난 지역에서 서식하고 산란기가 되면 수심 얕은 기수역으로 들어오며, 한국 전 연안, 일본, 중국 등지에 분포한다. 산란기는 3~8월(주 산란기는 4~5월)로 보통 해진 후 1~2시간 내에 산란하며 다회 산란한다. 최대 길이는 26cm로 주로 식물성, 동물성 플랑크톤을 먹는다. '집나간 며느리도 돌아오게 만든다'는 '전어구이'로 유명한 전어는 이제 가을을 대표하는 물고기가 되었다. 지방성분이 많아지는 가을이면 전어는 식감이 매우 뛰어나 많은 사람들이 찾는데, 구이로 먹고 머리와 내장을 제거한 후 뼈채 썰어 회로 먹는다. 이때 비브리오균에 감염될 위험이 있으므로 주의가 필요하다. 회를 썰기 전에 깨끗한 물에 씻고 30초~1분간 담수에 두면 균을 죽일 수 있다. 전어의 학명은 Konosirus punctatus 인데, 속명인 Konosirus는 전어가 일본어인 '고노시로'에서 왔으며, 종명인 punctatus는 전어 몸에 있는 점에서 유래하였다. '고노시로'란 우리 나라말로 '자식 대신'이란 말로, 옛날 어떤 부자에게 첩으로 딸을 주게 된 아버지가 관에 전어를 넣어 화장을 하고 딸이 죽은 것처럼 위장하여 어려움을 면했다고 하여 그때부터 전어를 '고노시로'라 불렀다고 한다. 한국이름 전어의 유래는 서유구의 전어지(佃漁志)에 나오는데, 맛이 너무 좋아 돈을 주고 먹어도 아깝지 않다는데서 유래했다고 한다.

밴댕이 *Sardinella zunasi* (Bleeker, 1854)

자산어보에는 '밴댕이'로 표기되어 있고, 그 설명으로 "큰 놈은 6~7치 정도로 몸이 높고 엷다. 색은 희고 맛은 달고 질다. 흑산 바다에서는 간간히 이 물고기를 볼 수 있으며 망종 때부터는 암태도에서 잡히기 시작한다. 작은 놈은 3~4치 정도로 몸이 약간 둥글고 두텁다."라고 하였다.

新자산어보에서 이 종은 청어목(Clupeiformes), 청어과(Clupeidae)에 속한다. 등지느러미 줄기는 15~16개, 뒷지느러미 줄기는 17~18개, 아래쪽 새파는 47~52개, 척추뼈는 43~45개이다. 몸은 짧고, 심하게 측편되어 있다. 몸의 등 쪽은 일직선에 가까운 편이지만 배 쪽은 완만한 곡선의 형태를 띤다. 아래턱이 위턱보다 머리의 앞끝에 돌출되어 있다. 위턱은 짧고 뒤끝이 눈의 중앙을 지나지 않는다. 등지느러미는 1개로 짧다. 배지느러미는 매우 작다. 뒷지느러미는 짧고 마지막 2개 줄기가 바로 앞쪽보다 길다. 복부의 배 쪽 정중선을 따라 날카로운 비늘이 1열로 나 있다. 몸은 얇고 둥근 비늘로 덮여 있다. 등 쪽은 밝은 청녹색을 띠고 배 쪽은 은백색을 띤다. 본종은 비교적 얕은 바다의 모래 바닥에서 주로 서식하며 한국 서남해, 일본, 중국, 대만 등지에 분포한다. 봄~가을에는 만이나 하구에 머물다가 겨울이 되면 수심 깊은 곳으로 이동한다. 6~7월이 산란기이다. 최대 크기는 18cm로 주로 동물성플랑크톤을 먹는다. 멸치와 비슷하게 삶고 햇볕에 건조시킨 다음 포장해서 판매한다. 국물을 내는데 주로 이용된다. 흑산도 방언은 '뒤포리' 이다.

바리밴댕이 *Sardinella lemuru* (Bleeker, 1853)

자산어보에는 기록이 없는 종으로, 본종은 열대~아열대 해역에 서식하는 특성상 최근 기후변화로 인해 흑산도 해역에서 출현한 것 같다.

新자산어보에서 이 종은 청어목(Clupeiformes), 청어과(Clupeidae)에 속한다. 등지느러미 줄기는 17개, 가슴지느러미 줄기는 16~17개, 배지느러미 줄기는 9개, 뒷지느러미 줄기는 16~17개, 아래쪽 새파는 157~160개, 척추뼈는 48개이다. 몸은 길고 날렵하며 횡단면은 원통형에 가깝지만, 머리 쪽과 꼬리 쪽은 측편되는 경향을 보인다. 눈은 동공을 제외하면 기름눈꺼풀로 덮여 있다. 입은 머리의 선단에 위치하며 위턱의 뒤끝은 눈의 중앙에 조금 못 미친다. 양턱에는 이빨이 없다. 새파는 가늘고 길어 플랑크톤 식성임을 알 수 있다. 등지느러미는 1개로 작은 편이며 배지느러미는 매우 작다. 뒷지느러미 마지막 2개 줄기가 바로 앞쪽보다 길다. 몸은 얇고 둥근 비늘로 덮여 있다. 몸의 등쪽은 암청색을 띠고, 배쪽은 은백색을 띤다. 본종은 수심 15~100m의 비교적 얕은 바다에 서식하며 한국, 일본, 대만, 홍콩, 필리핀, 자바, 발리, 호주 서부, 태국, 푸켓 등지에 분포한다. 동중국해에서는 3월 말부터 5월 사이가 주 산란기이고, 길게는 8월까지 지속된다. 최대 체장은 23cm로 밴댕이보다 크며, 식물성플랑크톤, 동물성플랑크톤을 먹는다. 우리나라에는 2001년 한국어류학회지에 미기록종으로 처음 보고된 바 있다.

정어리 *Sardinops melanostictus* (Temminck and Schlegel, 1846)

자산어보에는 '정어리'로 표기되어 있고, 그 설명으로 "큰 놈은 5~6치 정도이고 빛깔이 푸르고 몸이 약간 길다. 지금의 청어를 닮았다. 멸치보다 먼저 회유해 온다."라고 하였다.

新자산어보에서 이 종은 청어목(Clupeiformes), 청어과(Clupeidae)에 속한다. 등지느러미 줄기는 16~21개, 뒷지느러미 줄기는 15~21개, 가슴지느러미 줄기는 17개, 배지느러미 줄기는 8개, 척추뼈는 48~54개이다. 몸은 길고 측편되어 있으나 몸 중앙은 원통형에 가깝다. 양턱의 길이가 거의 같다. 복부의 정중선에는 날카로운 비늘이 1열로 나 있다. 몸의 옆쪽에는 눈동자 크기만 한 흑색반점이 1열로 나 있으나, 개체에 따라 다르다. 등지느러미는 몸의 중앙에 위치하고 배지느러미는 등지느러미보다 약간 뒤에 위치한다. 몸은 매우 큰 둥근 비늘로 덮여 있고 탈락하기 쉽다. 지느러미는 노란색과 검은색을 띠며 몸의 등 쪽은 청색을, 배 쪽은 은백색을 띤다. 주로 연안에서 무리지어 생활하며 한국 남해, 동해를 비롯해 서태평양에 분포한다. 산란기는 2~4월이다. 최대 길이는 39.5cm, 최대 무게는 486g로 주로 부유성 새우를 먹고, 어린 개체는 동물성플랑크톤과 식물성플랑크톤을 먹는다. 한국 주변해역에서는 겨울철에 남부해역에서 월동하고 봄이 되면 북상하는 계절회유를 한다. 구이나 조림용으로 많이 이용된다. 정어리는 열량이 높지 않으나 적당한 섭취가 요구된다. 정어리의 EPA 함량은 등 푸른 생선 중에서 매우 높은 편으로 뇌를 건강하게 하고 시력을 개선하는데 효과가 탁월하다.

날매퉁이 *Saurida elongata* (Temminck and Schlegel, 1846)

자산어보에는 '말독멸'로 표기되어 있고, 그 설명으로 "반지와 같으며 빛깔도 또한 같다. 머리는 넉넉지 않고, 꼬리는 뾰족하지 않다. 모양이 말뚝 같다고 해서 이런 이름이 주어졌다."라고 하였다.

新자산어보에서 이 종은 홍메치목(Aulopiformes), 매퉁이과(Synodontidae)에 속한다. 등지느러미 줄기는 10~12개, 뒷지느러미 줄기는 9~11개, 가슴지느러미 줄기는 13~16개, 배지느러미 줄기는 9개, 척추뼈는 56~61개, 옆줄 비늘은 59~65개이다. 몸의 횡단면은 타원형에 가깝지만 머리는 납작한 편이다. 입이 매우 커서 위턱의 뒤끝은 눈의 뒤끝을 훨씬 지난다. 양턱의 길이는 비슷하며 가슴지느러미는 배지느러미 기부에 이르지 못하고, 배지느러미 기부는 등지느러미 기부보다 약간 앞쪽에 위치한다. 몸의 등 쪽 후반부에 1개의 기름지느러미가 있고 기름지느러미 아래에 뒷지느러미가 위치한다. 몸의 등 쪽은 갈색, 배 쪽은 흰색이고, 모든 지느러미는 황색을 띠나 가슴지느러미와 꼬리지느러미 가장자리만 검다. 일반적으로 연안의 펄에 서식하며 한국, 중국, 일본을 포함하는 북서태평양에 분포한다. 산란은 5~7월에 한국 남해안, 일본 큐슈 북서 연안의 얕은 바다에서 일어난다. 최대 길이는 50cm로 주로 물고기를 먹으며 오징어나 새우도 먹는다. 어묵 등 연제품에 많이 이용된다.

깃비늘치 *Benthosema pterotum* (Alcock, 1890)

자산어보에는 기록이 없는 종으로, 본종은 수심 깊은 곳에 서식하는 특성상 과거에 흑산도에서 어획되지 않은 것 같다. 또는 작은 물고기로 식용 가치가 없어 자산어보에서 배제되었을 수도 있다.

新자산어보에서 이 종은 샛비늘치목(Myctophiformes), 샛비늘치과(Myctophidae)에 속한다. 등지느러미 줄기는 12~14개, 뒷지느러미 줄기는 17~20개, 가슴지느러미 줄기는 11~13개, 배지느러미 줄기는 8~9개, 척추뼈는 56~61개, 옆줄 비늘 수는 59~65개이다. 작은 종으로 몸은 짧고 측편되어 있다. 주둥이 길이는 매우 짧고 대신 눈이 매우 크다. 등지느러미는 몸의 중앙에 위치하며 그 뒤쪽에 1개의 기름지느러미가 있다. 뒷지느러미는 등지느러미가 끝나는 지점 아래에서 시작된다. 아가미와 복부, 꼬리의 배 쪽 가장자리를 따라 많은 발광포가 나 있고 가슴지느러미 위쪽에는 발광포가 없다. 몸은 전체적으로 은은한 청색 또는 황색을 띠며 배 쪽은 은백색을 띤다. 일반적으로 깊은 수심 대에서 서식하는데, 낮에는 130~300m, 밤에는 10~200m에서 생활하며 한국 서해, 남해, 동중국해를 포함하는 인도~서태평양 지역에 분포한다. 겨울(2월) 초저녁에 산란이 이루어진다. 어린 시기는 5~100m의 비교적 얕은 수심에 머문다. 최대 크기는 7cm로 야간에 먹이활동이 활발하고 주로 새우 유생이나 동물성 플랑크톤을 먹는다. 주간에 저층트롤에서 많이 어획되며 식용으로 이용되지는 않지만, 해양생태계 내에서 중간먹이 역할을 담당한다.

투라치 *Trachipterus ishikawae* (Jordan and Snyder, 1901)

자산어보에는 기록이 없는 종으로, 지금도 희귀한 종이다. 본종은 아열대 해역에 분포하는 특성상 과거에 흑산도에서 어획되지 않은 것 같다. 최근 기후변화로 우리나라 남해와 동해에서는 자주 출현한 기록이 있지만 흑산도에서는 이번에 처음 채집된 것이다.

新자산어보에서 이 종은 이악어목(Lampridiformes), 투라치과(Trachipteridae)에 속한다. 등지느러미 줄기는 178~195개, 가슴지느러미 줄기는 12~13개, 꼬리지느러미는 줄기는 8개, 새파는 3+7~9개, 척추뼈는 81~84개이다. 대형 종으로 몸은 길게 신장되어 있으며, 횡단면은 심하게 측편되어 있다. 몸의 앞쪽은 체고가 높지만 뒤쪽으로 갈수록 서서히 줄어들어 꼬리 말단부에 이르면 매우 가늘다. 눈은 매우 크고 눈동자는 곤봉형으로 가늘고 긴 모양을 하고 있다. 항문은 몸의 중앙에 위치한다. 위턱을 앞으로 당기면 앞쪽으로 길게 뻗어 나온다. 옆줄은 눈 위쪽에서 시작하여 체측의 중앙을 따라 꼬리지느러미 앞까지 길게 뻗어 있다. 등지느러미는 눈이 끝나는 지점의 등쪽에서 시작하여 꼬리지느러미까지 길게 뻗어 있다. 배지느러미와 뒷지느러미는 없다. 꼬리지느러미는 작고 가늘며 위를 향한다. 몸은 전체적으로 둥근 돌기로 덮여 있다. 몸의 배 쪽 가장자리를 따라 날카로운 돌기가 머리 뒤부터 꼬리지느러미 앞까지 나 있다. 신선한 상태의 체색은 전체적으로 은백색을 띠고 배 쪽은 어두운 색을 띤다. 등지느러미 막은 옅은 붉은색을 띠며 머리 뒤쪽으로 2개의 희미하고 짧은 가로띠가 있다. 본종은 수심 0~1200m의 광범위한 수심 대에 서식하며 한국(동해, 남해, 제주 남부), 일본, 중국, 대만 등지에 분포한다. 몸의 최대 크기는 체장 270cm 정도이다. 흑산도 방언은 '물갈치' 이다.

줄비늘치 *Coelorinchus multispinulosus* (Katayama, 1942)

자산어보에는 기록이 없는 종으로, 본종은 수심 깊은 곳에 서식하는 특성상 과거에 흑산도에서 어획되지 않은 것 같다. 또는 작은 물고기로 식용 가치가 없어 자산어보에서 배제되었을 수도 있다.

新자산어보에서 이 종은 대구목(Gadiformes), 민태과(Macrouridae)에 속한다. 등지느러미는 가시 2개, 줄기 8~10개, 가슴지느러미 줄기는 14~18개, 배지느러미 줄기는 7개이다. 몸은 측편되어 있으며 주둥이는 뾰족하고, 등지느러미 기부에서 체고가 가장 높으며 꼬리는 띠처럼 길게 뻗어있다. 입은 배 쪽에 있고, 아래턱의 앞 끝에는 작은 1개의 수염이 있다. 등지느러미는 몸의 앞쪽에 있고 뒷지느러미는 몸의 중앙부터 꼬리의 뒤끝까지 있다. 등 쪽은 흑갈색, 배쪽은 은백색을 띠며 몸에는 어두운 회색 반점이 있다. 수심이 깊은 해역에 서식하는 저서성 물고기로 모래 바닥에서 주로 서식하며 서식범위는 대략 300~400m 사이이다. 제주도를 포함한 남해, 그리고 서태평양에 분포한다. 산란기는 2~4월이다.

대구 *Gadus macrocephalus* (Tilesius, 1810)

新자산어보에서 이 종은 대구목(Gadiformes), 대구과(Gadidae)에 속한다. 등지느러미는 3개로 분리되어 있으며 제1등지느러미 줄기는 13~15개, 제2등지느러미 줄기는 15~18개, 제3등지느러미 줄기는 14~19개이다. 뒷지느러미는 2개로 분리되어 있으며 제1뒷지느러미 줄기는 16~22개, 제2뒷지느러미 줄기는 16~21개이다. 가슴지느러미 줄기는 18~20개, 배지느러미 줄기는 6개이다. 몸은 앞부분의 횡단면이 원통형에 가까우나 몸의 뒤로 갈수록 측편되어 있다. 위턱이 아래턱보다 약간 돌출되어 있으며, 아래턱에는 눈의 길이와 비슷한 1개의 수염이 있다. 몸의 등 쪽은 회갈색에 황색의 반점이 있으며, 배 쪽은 흰색이다. 수심 10~500m 사이에 무리를 지어 분포한다. 한국 전 연안을 포함한 북태평양에 분포한다. 산란은 연안의 내만에서 주로 이루어지며 산란기는 12~3월이다. 어린 개체는 동물성플랑크톤을 먹고 성어는 물고기, 새우, 문어 등을 먹는다. 대구는 식감이 뛰어나 회, 구이, 탕으로 먹고 말려서도 먹는다. 대구는 한국에 2개계군(서해/동해계군)이 알려져 왔으나, 최근 산란장 위치에 따라 여러 계군이 있는 것으로 보고되었다. 서해계군은 산란장이 알려져 있지 않다. 명태(Theragra chalcogramma)와 함께 대표적인 냉수어종이나, 명태가 한국 주변에서 자취를 감춘 것과 달리 대구는 많이 어획된다. 흑산도 방언은 '대구'이다.

2012년 11월 흑산도 위판장에서 촬영한 대구

황아귀 *Lophius litulon* (Jordan, 1902)

자산어보에는 '아구어'로 표기되어 있고, 그 설명으로 "큰 놈은 2자 정도이고 모양은 올챙이를 닮아 입이 매우 크다. 입을 열면 온통 빨갛다. 입술 끝에 2개의 낚시대 모양의 등지느러미가 있어 의사가 쓰는 침 같다. 이 낚시대의 길이는 4~5치쯤 된다. 낚시대 끝에 낚시줄이 있어 그 크기가 말 꼬리와 같다. 실 끝에 하얀 미끼가 있어 밥알과 같다. 이것을 다른 물고기가 와서 물면 잡아먹는다."라고 하였다.

新자산어보에서 이 종은 아귀목(Lophiiformes), 아귀과(Lophiidae)에 속한다. 등지느러미는 가장 앞쪽에 분리된 가시가 2개, 1개, 3개가 있고, 그 뒤에 줄기가 9~10개가 있다. 뒷지느러미는 8~9개, 가슴지느러미는 22~25개, 배지느러미는 5개, 척추뼈는 26~27개이다. 머리는 크고 납작하며 몸통과 꼬리부분은 가늘다. 입은 매우 크며 입안에 백색반점이 없다. 머리 등 쪽의 극은 단일형이다. 몸 색깔은 갈색으로 등 쪽에는 노란색 무늬가, 배 쪽에는 흰색 무늬가 있다. 본종은 모래나 진흙으로 이루어진 바닥에서 생활하며, 최대 어획수심은 560m이지만 대부분 50~90m의 수심에서 생활한다. 한국 전 해역, 일본 북해도 이남, 동중국해, 발해만에 분포한다. 산란기는 2~6월로, 산란기가 되면 어란이 얇은 한천질에 싸여서 표층에 떠있는 것을 확인할 수 있다. 최대 체장은 150cm이다. 바닥에서 기어 다니듯 행동하며 몸이 커서 큰 몸을 유지하려면 많은 먹이를 섭취해야 한다. 등지느러미 첫 번째 가시는 낚싯대 모양으로 변형되어 끝은 피질로 되어 있어 살살 흔들면 낚싯대 끝에 미끼가 달린 것처럼 보인다. 이 먹이 유인장치는 호기심 많은 물고기를 입 주변으로 모이게 하고 이때 황아귀는 잽싸게 먹이를 삼켜버린다. 참조기, 눈강달이, 멸치 등을 주로 먹는다. 황아귀는 찜이나 수육 등에 식재료로 많이 사용된다. 흑산도 방언은 '아귀' 이다.

학공치 *Hyporhamphus sajori* (Temminck and Schlegel, 1846)

자산어보에는 '공치'로 표기되어 있고, 그 설명으로 "큰 놈은 2자 정도다. 몸은 가늘고 길어 뱀같다. 아랫부리가 침과 같이 가늘며, 그 길이는 3~4치. 윗부리는 제비부리와 같다. 빛깔은 희며 푸른 기미가 있다. 맛은 달고 산뜻하다. 8~9월에 물가에 나타났다가 다시 물러간다."라고 하였다.

新자산어보에서 이 종은 동갈치목(Beloniformes), 학공치과(Hemiramphidae)에 속한다. 등지느러미 줄기는 15~17개, 뒷지느러미 줄기는 15~17개, 가슴지느러미 줄기는 13개, 배지느러미 줄기는 6개이다. 몸은 가늘고 길며, 아래턱이 전방으로 길게 돌출되어 있다. 몸의 색깔은 등 쪽은 녹색, 배 쪽은 은백색을 띠며 체측 중앙에는 금속성 광택을 띤 은백색의 세로줄 무늬가 있다. 본종은 연안의 표층에 무리를 지어서 서식하며 한국 전 해역 및 일본, 대만, 러시아에 분포한다. 산란기는 4~7월로서 연안의 해조류에 알을 붙인다. 최대 크기는 40cm로 동물성플랑크톤만 먹는다. 주로 회로 먹으며 국을 끓이거나 소금구이로 먹기도 한다. 중국에서는 약재로도 사용된다. 사요리라고도 불리는데 이는 학공치의 종명(Hyporhamphus sajori)에서 유래한 듯하다. 흑산도 방언은 '공치' 이다.

동갈치 *Strongylura anastomella* (Valenciennes, 1846)

자산어보에는 '한새치'로 표기되어 있고, 그 설명으로 "큰 놈은 10자 정도이다. 머리는 학의 부리와 같고, 이빨은 바늘과 같으며 즐비하다. 빛깔은 청백색인데 고기살도 푸르다. 몸은 뱀같다. 역시 공치 종류이다."라고 하였다.

新자산어보에서 이 종은 동갈치목(Beloniformes), 동갈치과(Blonidae)에 속한다. 등지느러미 줄기는 18~20개, 뒷지느러미 줄기는 21~23개, 가슴지느러미 줄기는 10~11개, 배지느러미 줄기는 6개이다. 몸은 가늘고 길며 측편되어 있다. 양턱이 전방으로 길게 돌출되어 있으며 양턱에는 날카로운 바늘 모양의 이빨이 나 있다. 몸의 등 쪽은 진한 청색, 배 쪽은 은백색을 띤다. 주로 연안의 표층에 서식하며 한국 서해를 포함하여 북서 태평양에 분포한다. 산란기는 5~7월경으로 난생이며, 물속의 풀에 약 2,000~3,000개의 알을 낳고 가는 실로 부착된다. 최대 길이는 100cm이며, 최대 무게는 1kg이다. 주로 물고기를 먹고 일부 새우도 먹는다. 본종의 영명은 'needlefish'로 우리말로 '바늘고기'인데, 이는 위턱과 아래턱이 바늘처럼 뾰족하고 길게 연장되어 있기 때문이다. 또한 동갈치는 점프를 잘 하는 물고기인데, 이러한 특징 때문에 사람을 공격한다는 오해를 받기도 한다.

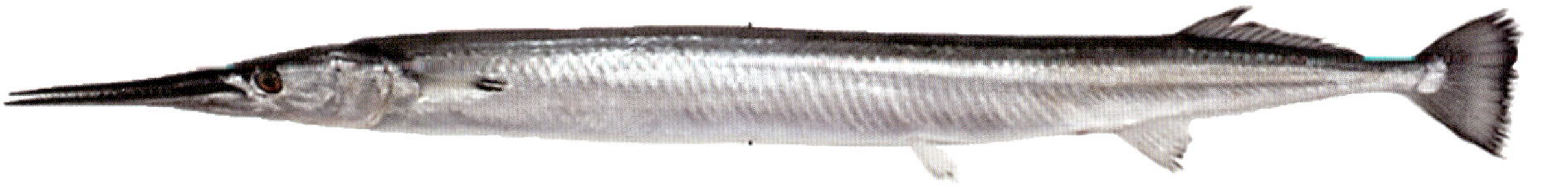

민달고기 *Zenopsis nebulosa* (Temminck and Schlegel, 1845)

자산어보에는 기록이 없는 종으로, 본종은 수심 깊은 곳에 서식하는 특성상 과거에 흑산도에서 어획되지 않은 것 같다.

新자산어보에서 이 종은 달고기목(Zeiformes), 달고기과(Zeidae)에 속한다. 등지느러미는 가시 10개, 줄기 26~27개, 뒷지느러미는 가시 3개, 줄기 14~15개 가슴지느러미 줄기는 13개, 배지느러미는 가시 1개, 줄기 6개이다. 몸은 매우 측편되어 있으며 체고가 매우 높다. 눈 위의 가장자리는 오목하게 패여 있다. 입은 크고 위로 향해 있으며 주둥이는 매우 길다. 등지느러미 가시부와 배지느러미는 매우 길며 그 끝은 실 모양으로 되어 있다. 몸은 밝은 회백색을 띠고 몸 중앙의 둥근 점은 자라면서 희미해지거나 사라진다. 일반적으로 수심이 200m 이상인 지역의 저층에 서식한다. 한국을 포함한 인도~서태평양에 분포하며 산란기는 1~2월이다. 최대 길이는 70cm, 최대 무게는 3kg이며 최대 수명은 45년이다. 주로 물고기를 먹고 새우류와 오징어도 먹는다. 민달고기의 살은 단단해서 그 맛이 넙치회와 비슷하고 회로 많이 소비된다. 달고기(Zeus faber)와 형태가 비슷하지만, 달고기는 머리의 등 쪽이 볼록하며 체측의 검은 점이 뚜렷하여 잘 구분된다. 자산어보에는 기록이 없는 종으로, 본종은 수심 깊은 곳에 서식하는 특성상 과거에 흑산도에서 어획되지 않은 것 같다.

일지말락쏠치 *Minous monodactylus* (Bloch and Schneider, 1801)

자산어보에는 기록이 없는 종으로, 본종은 열대~아열대 해역에 서식하는 특성상 최근 기후변화로 인해 흑산도 해역에서 출현한 것 같다. 또는 작은 물고기로 식용 가치가 없어 자산어보에서 배제되었을 수도 있다.

新자산어보에서 이 종은 쏨뱅이목(Scorpaeniformes), 양볼락과(Scorpaenidae)에 속한다. 등지느러미는 가시 9~11개, 줄기 10~12개, 뒷지느러미는 가시 2개, 줄기 7~10개, 가슴지느러미 줄기는 11~13개이다. 몸은 측편되어 있고 아래턱이 위턱보다 조금 길며 머리에는 가시가 발달되어 있다. 등지느러미의 기저는 매우 길며 가슴지느러미 가장 아래쪽 줄기는 길게 분리되어 있다. 몸의 등 쪽은 흰 바탕에 흑갈색 무늬가 있고 배 쪽은 밝은 분홍색을 띤다. 가슴지느러미와 뒷지느러미 가장자리는 검고 꼬리지느러미에는 2줄의 흑갈색 가로띠가 있다. 주로 연안의 내만에 분포하며 모랫바닥이나 갯펄에 서식한다. 한국 서해, 제주도를 포함한 인도~서태평양에 분포하며 산란기는 8월이고 최대 길이는 15cm이다. 지느러미 가시에는 독이 있기 때문에 주의해야 한다. 말락쏠치(Minous pusillus)와 닮아 있지만, 꼬리지느러미 가로띠의 유무로 구분된다.

불볼락 *Sebastes thompsoni* (Jordan and Hubbs, 1925)

자산어보에는 '적박순어'로 표기되어 있고, 그 설명으로 "볼낙어와 같으나 색이 붉다는 점이 다르다."라고 하였다.

新자산어보에서 이 종은 쏨뱅이목(Scorpaeniformes), 양볼락과(Scorpaenidae)에 속한다. 등지느러미는 가시 13개, 줄기 14~15개, 뒷지느러미는 가시 3개, 줄기 7개, 가슴지느러미는 줄기 15~17개이다. 몸은 긴 계란형으로 측편되어 있다. 눈과 코 주변의 가시는 약한 편이고, 주둥이는 뾰족하다. 위턱보다 아래턱이 길다. 몸의 전체적인 색깔은 적갈색으로 몸의 등 쪽에는 5개의 갈색 가로 띠가 있고, 배 쪽은 흰색을 띠며 등쪽으로 갈수록 적색과 갈색이 짙어진다. 본종은 저서성 물고기로 주로 40~150m 수심에 서식하고, 한국 전 연안에 분포하며 일본, 중국에 분포한다. 난태생 물고기로 산란기는 2~6월이다. 최대 크기는 30cm이다. 어미로부터 산출 후에 크기 2mm 까지는 표층에 떠다니는 해조류에 붙어 생활하다가 크기 60mm가 되면 바닥으로 이동한다. 작은 물고기, 새우, 젓새우, 갯지렁이 등을 먹는다. 볼락보다 육질이 무르지만 맛이 좋다. 주로 회로 먹으며 구이로도 많이 소비된다. 남해에서는 열기로 알려져 있다.

조피볼락 *Sebastes schlegelii* (Hilgendorf, 1880)

자산어보에는 '금처귀'로 표기되어 있고, 그 설명으로 "모양은 도미를 닮아 큰 놈은 2어자 정도이고 머리, 입, 눈이 모두 크고 몸이 둥글다. 비늘은 잘고 등이 검으며 지느러미 줄기가 매우 굵다. 맛이 농어를 닮았고 살은 약간 단단하다. 사철 볼 수 있다."라고 하였다.

新자산어보에서 이 종은 쏨뱅이목(Scorpaeniformes), 양볼락과(Scorpaenidae)에 속한다. 등지느러미는 가시 13개, 줄기 11~13개, 뒷지느러미는 가시 3개, 줄기 6~8개, 가슴지느러미는 줄기 17~18개, 척추뼈는 26개이다. 아래턱이 윗턱보다 약간 돌출되어 있고, 두 눈 사이는 넓고 편평하며 눈 아래쪽에는 단단한 3개의 가시가 있어 특징적이다. 몸의 색깔은 짙은 흑색이며 분명치 않은 흑갈색 가로띠가 있다. 눈을 지나 뒤쪽으로 향하는 비스듬한 2~3줄의 흑색 띠가 있다. 등지느러미의 극조부, 뒷지느러미와 배지느러미는 검은색을 띠고 가슴지느러미와 꼬리지느러미의 가장자리는 희다. 본종은 저서성 물고기로 서식수심은 3~100m로 알려져 있으며, 한국 전 연안에 분포하며 일본, 중국에 분포한다. 자어를 낳는 난태생 물고기로서 출산시기는 4~6월로 알려져 있으며 부화한 자어는 떠다니는 해조류에 부착하여 어린 시기를 보낸다. 최대 크기는 65cm, 최대 무게는 3.14kg, 최대 수명은 20년이다. 밤에는 중층이나 표층으로 떠올라 활동적이지 않지만, 낮에는 바닥에서 무리지어 활발히 활동한다. 주로 물고기를 잡아먹으며 그 외 새우, 게, 오징어 등을 먹는다. 한국 서해안의 대표적인 양식 대상물고기로 맛이 좋아 회로 많이 먹고 탕이나 구이로도 많이 소비된다. 조피볼락의 또 다른 이름은 '우럭' 이다. 우럭은 서유구의 전어지에서 '울억어(鬱抑魚)' 라고 한 데서 유래한 것으로, 활동성이 적고 예민한 우럭이 잘 낚이다가 주변 여건 변화에 민감하게 반응하여 답답할 정도로 입질을 하지 않는 데서 유래하였다고 한다.

띠볼락 *Sebastes zonatus* (Chen and Barsukov, 1976)

자산어보에는 '볼낙어'로 표기되어 있고, 그 설명으로 "모양은 금처귀를 닮았으나 크기는 조기 정도이다. 색은 검푸르고 입이 작고 입술이 매우 넓다. 맛은 금처귀와 같다. 낮에는 바다에서 놀고 밤에는 석굴로 들어온다."라고 하였다.

新자산어보에서 이 종은 쏨뱅이목(Scorpaeniformes), 양볼락과(Scorpaenidae)에 속한다. 등지느러미는 가시 13개, 줄기 13개, 뒷지느러미는 가시 3개, 줄기 6개, 가슴지느러미는 줄기 17~18개이다. 몸은 조금 긴 타원형이다. 몸 빛깔은 분홍빛을 띠며 흰색 바탕에 흑색 점들이 흩어져 있고 넓은 가로무늬가 3개 있다. 가슴지느러미와 등지느러미 줄기부는 연한 색을 띠며 끝부분은 약간 어둡다. 꼬리지느러미 뒤 가장자리에 흰색 테두리가 있다. 수심 50~170m의 암초 지역에 서식하며 한국 전 연안과 일본에 분포한다. 자어를 낳는 난태생 물고기로서 산란기는 봄에서 초여름이다. 조피볼락에 비해 지방이 많아 고소한 맛이 나며 소금구이가 아주 일품으로 인기가 많고 초밥, 회, 튀김, 탕의 식재료로 소비된다. 띠볼락은 조피볼락(Sebastes schlegelii)과 누루시볼락(Sebastes vulpes)과 매우 유사해서 구분이 어려우나, 조피볼락은 눈 아래에 3개의 가시를 가지는 점에서 잘 구분되며 누루시볼락과는 체색(누루시볼락은 짙은 검은색, 띠볼락은 가로무늬가 있는 연한 분홍색)에서 차이가 있다. 흑산도 방언은 '샛바람둥이, 우럭아재비' 이다.

황해볼락 *Sebastes koreanus* (Kim and Lee, 1994)

자산어보에는 '응자어'로 표기되어 있고, 그 설명으로 "제일 작은 놈을 응자어로 했고 색이 검보라빛이고 맛이 싱거우며 언제나 돌 틈에 서식하면서 멀리 헤엄쳐 나가지 않는다."라고 하였다.

新자산어보에서 이 종은 쏨뱅이목(Scorpaeniformes), 양볼락과(Scorpaenidae)에 속한다. 등지느러미는 가시 14개, 줄기 12~13개, 뒷지느러미는 가시 3개, 줄기 5~6개, 가슴지느러미는 줄기 16~17개, 척추뼈는 26개이다. 눈은 크고 주둥이 길이와 같다. 몸 색깔은 밝은 갈색에, 가슴지느러미 기부와 협부는 밝은 갈색을 띤 연분홍색을 띤다. 체측에는 불분명한 흑색 가로띠가 있으며 등지느러미와 뒷지느러미, 꼬리지느러미는 흑갈색을 띤다. 눈 주위에는 비스듬한 3개의 흑색 띠가 있으며, 아가미뚜껑에 하나의 검은 점이 있다. 본종은 연안의 얕은 수심 대에 서식하며 한국의 서해안에만 분포하는 한국 고유종이다. 대부분 15~20cm 내외가 많이 잡히나 최대 약 30cm에 달하는 것도 있다. 주로 물고기, 새우, 게, 무척추동물 등을 먹는다. 서해에서 조피볼락 다음으로 많이 채집되며 흔히 볼락으로 취급된다. 조피볼락 보다는 황해볼락이 상대적으로 크기가 작아 조피볼락의 자어로 오인되나 체색에서 잘 구분된다.

쏨뱅이 *Sebastiscus marmoratus* (Cuvier, 1829)

자산어보에는 '등덕어'로 표기되어 있고, 그 설명으로 "금처귀보다 조금 작은 놈으로 빛깔이 검고 불그스름하며 맛은 금처귀보다 담담하다."라고 하였다.

新자산어보에서 이 종은 쏨뱅이목(Scorpaeniformes), 양볼락과(Scorpaenidae)에 속한다. 등지느러미는 가시 12개, 줄기 10~12개, 뒷지느러미는 가시 3개, 줄기 5개, 가슴지느러미는 줄기 17~19개이다. 몸은 타원형으로 측편되어 있다. 등지느러미 기저를 따라 밝은 큰 점이 분포하며 체측에는 작은 반점들이 밀집되어 있다. 위턱이 아래턱보다 조금 돌출되어 있고 위턱의 뒤끝은 눈의 뒷 가장자리를 지난다. 몸의 색깔은 서식하는 장소에 따라 다른데, 일반적으로 붉은 색을 띤다. 본종은 암초가 많은 연안의 바닥에 서식하며 한국 전 연안, 일본, 중국에 분포한다. 자어를 낳는 난태생 물고기로 산출시기는 11~3월이다. 최대 크기는 30cm, 최대 무게는 2.8kg으로 주로 작은 물고기, 새우, 게 등을 먹는다. 살은 단단하고 맛은 담백하며 비타민A가 풍부하다. 경제적 가치가 높은 종으로 매운탕이나 찜으로 인기가 좋다.

붉은쏨뱅이 *Sebastiscus tertius* (Barsukov and Chen, 1978)

자산어보에는 '복제어'로 표기되어 있고, 그 설명으로 "모양은 금처귀와 비슷하고 매우 큰 눈이 앞으로 툭 튀어나와 있다. 색은 빨갛고 맛은 금처귀를 닮아 담담하다."라고 하였다.

新자산어보에서 이 종은 쏨뱅이목(Scorpaeniformes), 양볼락과(Scorpaenidae)에 속한다. 등지느러미는 가시 11~13개, 줄기 11~12개, 뒷지느러미는 가시 3개, 줄기 5~6개, 가슴지느러미는 줄기 18~19개이다. 쏨뱅이와 형태 및 체색에서 매우 유사하다. 몸의 색깔은 쏨뱅이보다 붉은색이 강하다. 본종은 암초지대의 약간 깊은 곳에 서식하며 한국 전 연안, 일본, 중국에 분포한다. 자어의 산출 시기는 4~6월로 알려져 있다. 최대 크기는 37cm로 주로 물고기, 새우 게를 먹는다. 쏨뱅이와 혼획되어 일반적으로 구분 없이 사용되며 매운탕이나 찜으로 인기가 좋은 종이다. 흑산도 방언은 '북저구' 이다.

풀미역치 *Erisphex potti* (Steindachner, 1896)

자산어보에는 기록이 없는 종으로, 본종은 작은 물고기로 식용 가치가 없어 자산어보에서 배제된 것 같다.

新자산어보에서 이 종은 쏨뱅이목(Scorpaeniformes), 풀미역치과(Aploactinidae)에 속한다. 등지느러미는 가시 10~13개, 줄기 10~14개, 뒷지느러미는 가시 1개, 줄기 10~13개, 가슴지느러미 줄기는 11~13개, 배지느러미는 가시 1개, 줄기 3개이다. 몸은 계란형으로 측편되어 있다. 눈은 작고 등 쪽에 위치하며 아래턱이 위턱보다 약간 돌출되어 있다. 등지느러미는 눈의 바로 뒤에서 시작하며 등지느러미의 기저는 매우 길다. 모든 지느러미는 검다. 몸의 등 쪽은 적갈색 바탕에 흰 반점이 분포하고, 배 쪽은 항문 주위는 희지만, 뒷지느러미 기부 주변은 등 쪽과 유사하다. 주로 연안의 모래나 진흙 바닥에 서식하며 한국 전 연안을 포함한 서태평양에 분포한다. 산란기는 8월로 성어와 어린 개체가 함께 채집되어 산란장과 성육장이 같다. 최대 크기는 12cm로 알려져 있고 주로 작은 물고기, 새우, 젓새우, 동물성플랑크톤을 먹는다. 지느러미 가시에 독이 있어 주의가 필요하다. 흑산도 방언은 '범치' 이다.

성대 *Chelidonichthys spinosus* (McClelland, 1844)

자산어보에는 '승대어'로 표기되어 있고, 그 설명으로 "큰 놈은 2자 정도. 목은 매우 크고 모두 뼈로 되어 있다. 머리뼈에는 살이 없고 몸이 둥글며 입가에 푸른 수염이 2개 있다. 등은 붉다. 옆구리 곁에 날개가 있어 부채 같이 갰다 폈다 한다. 빛깔은 푸르고 매우 선명하며 맛은 달다."라고 하였다.

新자산어보에서 이 종은 쏨뱅이목(Scorpaeniformes), 성대과(Triglidae)에 속한다. 제1등지느러미 가시는 9~10개, 제2등지느러미 줄기는 15~16개, 뒷지느러미는 14~16개, 가슴지느러미는 14개이다. 몸은 길며 머리는 단단하다. 가슴지느러미는 매우 크다. 가슴지느러미 아래의 분리된 3개의 줄기는 모래나 진흙 바닥에 숨어 있는 먹이를 찾는 데 이용된다. 몸의 색깔은 적색 또는 적갈색으로 몸에 구불구불한 붉은 반점이 흩어져 있다. 가슴지느러미 안쪽은 녹색이며 원형의 파란색 반점이 흩어져 있고 가장자리는 파란색이다. 본종은 수심 20~30m의 바닥에서 생활하며 한국 전 해역, 일본 중부이남, 발해, 황해, 동중국해에 분포한다. 산란기는 2~6월로 연 1회 산란한다. 최대 크기는 약 40cm이다. 새우와 작은 물고기 등을 먹는다. 살은 희고 맛이 담백하여 고급어로 취급되며 회, 찜, 구이 등으로 인기가 좋다. 성대의 가슴지느러미는 매우 크며 화려한데, 이는 포식자들로부터 자신을 보호하기 위한 듯하다. 큰 가슴지느러미 때문에 '날개를 가진 물고기' 또는 '걸어 다니는 물고기' 로 불린다. 흑산도 방언은 '싱대' 이다.

양태 *Platycephalus indicus* (Gilbert and Burke, 1912)

자산어보에는 '장대어'로 표기되어 있고, 그 설명으로 "크기는 1자 남짓 되고 모양은 승대어를 닮았다. 머리와 뼈는 약간 평편하고 길다. 색은 황흑색으로서 가슴지느러미가 발달되었고, 날개는 승대어의 날개보다 약간 작고 그 색은 몸 빛깔과 같다."라고 하였다.

新자산어보에서 이 종은 쏨뱅이목(Scorpaeniformes), 양태과(Platycephalidae)에 속한다. 등지느러미는 가시 8개, 줄기 13개, 뒷지느러미는 줄기 13개, 가슴지느러미는 줄기 18개, 배지느러미는 가시 1개, 줄기 5개, 척추뼈는 28~31개이다. 몸과 머리는 매우 납작하고 몸은 길다. 눈은 작고 주둥이 길이는 눈 길이의 3배를 넘는다. 아래턱이 위턱보다 전방으로 돌출되어 있다. 위턱은 짧아서 눈의 앞 가장자리에 도달한다. 몸의 등 쪽은 연한 갈색으로 작은 갈색 반점이 많이 있지만, 배 쪽에는 연한 회색으로 반점이 없다. 등지느러미에는 검은 점들이 열을 이루고 꼬리지느러미에는 검은 가로줄이 있다. 모래나 진흙 바닥에 서식하며 한국 서해와 남해를 포함한 인도~서태평양에 분포한다. 산란기는 5~6월이다. 최대 크기는 100cm, 최대 무게는 3.5kg이다. 새우나 작은 무척추동물을 먹는다. 살이 희고, 단단해서 맛이 좋고 주로 국, 탕, 조림으로 많이 소비된다. 흑산도 방언은 '장대' 이다.

까지양태 *Cociella crocodila* (Tilesius, 1812)

자산어보에는 '장대어'로 표기되어 있고, 그 설명으로 "크기는 1자 남짓 되고 모양은 승대어를 닮았다. 머리와 뼈는 약간 평편하고 길다. 색은 황흑색으로서 가슴지느러미가 발달되었고, 날개는 승대어의 날개보다 약간 작고 그 색은 몸 빛깔과 같다."라고 하였다.

新자산어보에서 이 종은 쏨뱅이목Scorpaeniformes), 양태과(Platycephalidae)에 속한다. 등지느러미는 가시 7~9개, 줄기 11개, 뒷지느러미 줄기는 11개, 가슴지느러미 줄기는 19~21개, 배지느러미는 가시 1개, 줄기 5개, 척추뼈는 28~31개이다. 몸과 머리는 매우 납작하고, 꼬리 쪽으로 갈수록 측편된다. 눈은 크며 등 쪽에 있고, 주둥이는 길다. 아래턱은 위턱보다 앞으로 돌출되어 있고 위턱의 뒤끝은 눈의 앞 가장자리를 지난다. 제1등지느러미, 가슴지느러미는 어둡고 뒷지느러미와 제2등지느러미, 꼬리지느러미에는 검은 점이 있다. 몸의 등 쪽은 갈색 바탕에 연한 무늬와 검은 점들이 있고 배 쪽은 희고 검은 점이 없다. 연안의 모래바닥에 서식하며 한국 서해와 남해를 포함한 인도~태평양에 분포한다. 산란기는 7~8월이다. 체장이 30cm가 넘으면 수컷에서 암컷으로 성 전환한다. 최대 크기는 50cm이다. 주로 새우, 게 등을 먹으며 작은 물고기도 먹는다. 양태(Platycephalus indicus)와 형태가 비슷하지만, 까지양태는 눈이 크고 체측에 검은 점이 양태보다 크다.

쥐노래미 *Hexagrammos otakii* (Jordan and Starks, 1895)

자산어보에는 '노래미'로 표기되어 있고, 그 설명으로 "큰 놈은 2~3자 정도이고 몸이 둥글고 길며 비늘이 잘고 빛깔은 황색 또는 황흑색이다. 머리에 두 귀가 있어 파리 날개와 같다. 맛이 없다. 돌 사이에 산다. 가을에 산란한다."라고 하였다.

新자산어보에서 이 종은 쏨뱅이목(Scorpaeniformes), 쥐노래미과(Hexagrammidae)에 속한다. 등지느러미는 가시 21~23개, 줄기 28~29개, 뒷지느러미는 줄기 27~31개, 가슴지느러미는 줄기 22~25개이다. 몸은 가늘고, 측편된 긴 방추형이다. 5개의 옆줄을 가진다. 양 눈 뒤쪽에는 육질의 끝이 갈라진 돌기물이 있다. 몸 색깔은 서식장소에 따라 다르며 대체로 황색을 띤다. 본종은 연안 정착성 물고기로서 바위나 해조류가 많은 지역에 서식하며 한국 전 연안, 일본 북해도 이남, 중국에 분포한다. 산란기는 11~12월로 해조류 줄기나 바위 등에 알을 부착시키면 수컷이 부화할 때까지 지킨다. 최대 크기는 57cm, 최대 무게는 2.41kg으로 물고기, 새우, 조개 등을 먹는다. 쥐노래미의 살색은 명태, 넙치와 같이 백색이지만, 다른 백색육 물고기보다 지방이 많아 신선도가 좋은 활어를 회로 먹으면 담백한 맛과 함께 감칠맛이 나며 특히 여름에 맛이 좋다. 이외에 미역과 함께 국을 끓여 먹거나 소금을 쳐서 구워 먹어도 좋다. 쥐노래미를 남해안에서는 게르치, 서해안에서는 놀래미로 부른다. 흑산도 방언은 '놀래미' 이다.

노래미 *Hexagrammos agrammus* (Temminck and Schlegel, 1843)

자산어보에는 '쥐노래미'로 표기되어 있고, 그 설명으로 "머리가 약간 날카롭게 뾰족하다. 붉은색과 검은색이 서로 섞여 있으며, 머리에 또한 귀가 있다. 살이 푸르며 맛은 없다. 몹시 비린내가 난다. 봄에 산란한다."라고 하였다.

新자산어보에서 이 종은 쏨뱅이목(Scorpaeniformes), 쥐노래미과(Hexagrammidae)에 속한다. 등지느러미는 가시 17~19개, 줄기 19~23개, 뒷지느러미 줄기는 18~21개, 가슴지느러미 줄기는 16~18개이다. 몸은 가늘고 길며 측편되어 있다. 양눈 뒤쪽에 육질의 돌기가 나 있다. 옆줄은 1개이다. 등지느러미의 가시부와 줄기부는 깊게 패여 있고 꼬리지느러미 가장자리는 둥글다. 체색은 암적색 또는 암갈색 바탕에 큰 담색 반점이 있다. 연안 정착성 물고기로서 수심 5m 이내의 암초와 해조류가 많은 곳에 서식하며 한국 전 연안에 분포한다. 산란기는 10~1월로 연안의 해조류나 암초가 많은 곳에서 산란하고, 부화 때까지 수컷이 알을 지킨다. 최대 크기는 30cm로 작은 물고기, 새우, 게, 갯지렁이를 먹는다. 회로 많이 소비되며 탕으로도 즐겨 먹는다. 쥐노래미(Hexagrammos otakii)와 매우 닮아 구분이 어렵지만, 쥐노래미는 노래미에 비해 크고 체색이 노란색(노래미는 붉은색)이 많다. 흑산도 방언은 '놀래미' 이다.

삼세기 *Hemitripterus villosus* (Pallas, 1814)

자산어보에는 '퉁가리'로 표기되어 있고, 그 설명으로 "모양은 장동어를 닮아 배가 크고, 성이 나면 팽창해진다. 등에는 가시가 있어 사람이 이에 찔리면 아프다."라고 하였다.

新자산어보에서 이 종은 쏨뱅이목(Scorpaeniformes), 삼세기과(Hemitripteridae)에 속한다. 등지느러미는 가시 17~19개, 줄기 11~13개, 뒷지느러미 줄기는 12~15개, 가슴지느러미 줄기는 17~20개, 배지느러미 가시는 1개, 줄기는 3개이다. 몸 앞부분의 횡단면은 원통형이며 꼬리 쪽으로 갈수록 가늘어진다. 몸은 작은 가시와 돌기로 덮여 있다. 등지느러미는 2개이며 제1등지느러미의 첫 번째와 두 번째 가시는 매우 길다. 몸과 머리에는 여러 개의 가시와 나뭇잎 모양의 촉수가 나 있다. 입이 매우 크며 양턱에는 송곳니가 있다. 꼬리지느러미 줄기는 갈라져 있지 않다. 몸의 등 쪽과 옆쪽은 연한 갈색에 짙은 갈색 반점이 있으며 배 쪽은 희다. 수심 10~100m의 모래나 개펄 바닥에 서식하며 한국전 연안을 포함한 북서태평양에 분포한다. 산란은 11~3월로 얕은 바다의 바위 등에 4~5개의 알 덩어리를 낳는다. 최대 크기는 40cm로 물고기를 먹는다. 겨울철이 제철인 물고기로 주로 탕으로 많이 먹고 열량이 낮아 다이어트에 효과적이다. 흑산도 방언은 '범치' 이다.

꼼치 *Liparis tanakae* (Gilbert and Burke, 1912)

자산어보에는 '바다메기'로 표기되어 있고, 그 설명으로 "큰 놈은 길이가 2자를 넘고 머리가 크고, 꼬리가 뾰족하다. 눈은 작고 등은 푸르며, 배는 누렇고 수염이 없다. 고깃살은 매우 연하다. 뼈도 무르다. 맛은 싱겁고 곧잘 술병을 고친다."라고 하였다.

新자산어보에서 이 종은 쏨뱅이목(Scorpaeniformes), 꼼치과(Liparidae)에 속한다. 등지느러미 줄기는 42~44개, 뒷지느러미 줄기는 34~35개, 가슴지느러미 줄기는 39~45개, 꼬리지느러미 줄기는 10개이다. 몸은 매우 흐물거리고 물컹하다. 눈은 작고 머리의 등 쪽에 위치한다. 입은 폭이 넓고 위턱이 아래턱보다 길다. 배지느러미는 흡반으로 변형되어 있고 가슴지느러미는 둥글다. 등지느러미와 뒷지느러미는 꼬리지느러미와 약 2/3정도 겹친다. 체색은 개체 변이가 심한데 등 쪽은 연분홍색, 배 쪽은 흰색을 띠며 몸의 옆쪽에는 반점이 있다. 꼬리지느러미 기부에는 흰색 가로줄이 있다. 일반적으로 수심 50~120m 바닥에 서식하며 한국 전 연안을 포함한 북서태평양에 분포한다. 산란기는 12~3월로 해조류, 로프 등에 알을 부착시킨다. 최대 크기는 50cm로 수명은 1년이다. 어린 개체는 새우, 젓새우를 먹다가 성어가 되면 물고기, 게 등을 먹는다. 꼼치는 '물메기' 로 흔히 불리는데, '물메기' 라는 이름을 가진 물고기가 따로 있다. 꼼치의 살은 무르고 수분이 많아 회보다 탕으로 많이 소비되며 특히 숙취해소에 좋다. 흑산도 방언은 '미기' 이다.

농어 *Lateolabrax japonicus* (Cuvier, 1828)

자산어보에는 '농어'로 표기되어 있고, 그 설명으로 "큰 놈은 길이가 10자 정도이며, 몸이 둥글고 길다. 살찐 놈은 머리가 작고 입이 크며 비늘이 잘다. 아가미는 두 겹으로 되어 있는데 얇고 약하여 낚싯바늘에 걸리면 찢어지기 쉽다. 색은 희고 검은 점이 있으며 등은 검푸르다. 맛이 좋고 담백하다."라고 하였다.

新자산어보에서 이 종은 농어목(Perciformes), 농어과(Moronidae)에 속한다. 등지느러미는 1개로 가시부와 줄기부 사이가 깊게 패여 있고 가시 12~15개, 줄기 12~14개로 구성된다. 뒷지느러미는 가시 3개, 줄기 6~9개, 가슴지느러미는 줄기 14~18개, 척추뼈는 36~37개(주로 36개)이다. 몸은 길고 측편되어 있다. 입은 크고 위턱의 후단부는 눈의 중앙 아래 또는 약간 뒤쪽까지 달한다. 몸의 등 쪽은 회청색을 띠며, 복부는 은백색을 띤다. 체측에는 어떠한 반점도 없지만 등지느러미 가시부의 막에 수열의 흑색반점이 희미하게 나타난다. 반폐쇄성 만이나 연안역에서 서식한다. 당년생은 연안 잘피밭에서 유어기를 보내며 크기 150mm에 도달하면(그해 겨울) 외해로 이동한다. 한편, 유어는 기수역으로 들어오며 심지어 담수역까지 들어온다. 북서태평양(한국 서해 및 남해, 일본 전 연안)에 분포한다. 2월에 제주도 연안에서 농어 알이 대량 출현하고, 4월 말~5월 말에 남해 여수에서 2cm급(부화 후 대략 두 달 경과) 농어 치어가 채집되므로 2~4월이 산란기로 추정된다. 산란은 만의 바깥쪽, 즉 외양수의 영향을 받는 곳에서 이루어지며 부화 후 40일이 경과된 15mm급의 치어가 연안 잘피밭으로 들어오는 것으로 알려져 있다. 최대 크기는 60cm이다. 새우나 작은 물고기를 먹는다. 농어는 주로 횟감으로 이용되며 그 외 구이, 매운탕 등으로도 먹는다. 최근 본종의 상위 분류군은 Moronidae에서 Lateolabracidae로 변경된 바 있다.

점농어 *Lateolabrax maculatus* (M'lelland, 1844)

자산어보에는 '농어'로 표기되어 있고, 그 설명으로 "큰 놈은 길이가 10자 정도이며, 몸이 둥글고 길다. 살찐 놈은 머리가 작고 입이 크며 비늘이 잘다. 아가미는 두 겹으로 되어 있는데 엷고 약하여 낚싯바늘에 걸리면 찢어지기 쉽다. 색은 희고 검은 점이 있으며 등은 검푸르다. 맛이 좋고 담백하다."라고 하였다.

新자산어보에서 이 종은 농어목(Perciformes), 농어과(Moronidae)에 속한다. 등지느러미는 1개로 가시부와 줄기부 사이가 깊게 패여 있고, 가시 12~15개, 줄기 12~14개로 구성된다. 뒷지느러미는 가시 3개, 줄기 7~8개, 가슴지느러미는 줄기 16~18개, 척추뼈는 35~36개(주로 35개)이다. 몸은 길고 측편되어 있다. 입은 크고 위턱의 후단부는 눈의 뒷가장자리 또는 약간 뒤쪽까지 달한다. 몸의 등 쪽은 회청색을 띠며 복부는 은백색을 띤다. 체측에는 옆줄 위쪽으로 큰 흑색반점이 밀집되어 나타나고 옆줄 아래쪽으로는 드물게 나타나며 등지느러미 가시부/줄기부 막에도 수열의 흑색반점이 뚜렷하게 나타난다. 반폐쇄성 만이나 연안역에서 서식한다. 북서태평양(한국 서해와 남해, 중국, 대만, 일본 큐슈)에 분포한다. 10월 말 주로 늦가을에서 초겨울 사이에 이루어지며 주 산란기는 늦가을이다. 최대 크기는 85cm이다. 작은 물고기, 오징어, 조개, 동물성플랑크톤을 먹는다. 점농어는 주로 횟감으로 이용되며 그 외 구이, 매운탕 등으로도 먹는다. 본종의 학명은 학자마다 다르게 사용되고 있다. 한국과 중국에서는 본종을 L. maculatus로 사용하고 있지만 일본에서는 Latolabrax sp.로 처리하고 있다. 그 이유는 체측에 뚜렷한 점을 가진 점농어와 점이 없는 농어 사이에 교잡종의 증거를 발견하였기 때문이다.

눈볼대 *Doederleinia berycoides* (Hilgendorf, 1879)

자산어보에는 '강성어'로 표기되어 있고, 그 설명으로 "모양은 도미와 같으나 작고 색이 붉다."라고 하였다.

新자산어보에서 이 종은 농어목(Perciformes), 반딧불게르치과(Acropomatidae)에 속한다. 등지느러미 가시부와 줄기부 사이는 깊게 패여 있고 가시는 9개, 줄기는 10개이다. 뒷지느러미는 가시 3개, 줄기 7개, 척추뼈는 25개이다. 몸은 긴 타원형이고 측편되어 있다. 눈은 매우 크고 주둥이 길이보다 더 길다. 입은 크고 위턱의 뒤끝은 눈의 중앙에 도달하거나 조금 지난다. 아래턱이 머리의 선단부에 위치한다. 꼬리지느러미는 약간 만입되어 있다. 가슴지느러미는 매우 길어 뒤끝이 뒷지느러미 기점에 도달한다. 몸은 전체적으로 선명한 붉은 색을 띠며 배 쪽으로 갈수록 밝아진다. 수심 60~620m의 바닥이 모래펄 또는 펄인 곳에 서식한다. 치어나 유어 시기에는 100m 이심의 얕은 곳에 머문다. 한국, 중국, 일본, 대만, 동인도, 호주에 분포한다. 7~10월경 한국 남동해역의 얕은 곳에서 산란한다. 최대 크기는 40cm이다. 작은 물고기를 주로 먹으며 젓새우, 새우, 게, 오징어도 먹는다.

반딧불게르치 *Acropoma japonicum* (Günther, 1859)

자산어보에는 기록이 없는 종으로 한국 남해의 비교적 수심 깊은 곳에서 많이 어획되는 특성상 과거에는 흑산도에서 어획되지 않은 것 같다. 또는 작은 물고기로 식용 가치가 없어 자산어보에서 배제되었을 수도 있다.

新자산어보에서 이 종은 농어목(Perciformes), 반딧불게르치과(Acropomatidae)에 속한다. 등지느러미는 2개로 분리되어 있으며 제1등지느러미는 가시 8개, 제2등지느러미는 가시 1개, 줄기 10개이다. 뒷지느러미는 가시 3개, 줄기 7개, 척추뼈는 26개이다. 몸은 측편되어 있다. 입은 크고 위턱의 뒤끝은 눈의 중앙에 못 미친다. 아래턱이 머리의 선단부에 위치한다. 양턱의 선단부에는 1쌍의 큰 송곳니가 나 있다. 항문은 뒷지느러미 기부보다 배지느러미 기부에 더 가깝게 위치한다. 복부의 정중선을 따라 발광기가 나 있다. 꼬리지느러미는 가랑이형이다. 몸은 약한 빗비늘로 덮여 있으며 쉽게 탈락된다. 몸의 등 쪽은 분홍색을 띠며 배 쪽은 은백색을 띤다. 수심 35~137m(주로 50~100m)에 서식한다. 한국, 중국, 일본, 대만, 남아프리카, 호주 등지에 분포한다. 최대 크기는 20cm이다.

열동가리돔 *Apogon lineatus* (Temminck and Schlegel, 1842)

열대~아열대 해역에 분포하는 특성상 과거에는 흑산도에서 어획되지 않은 것 같다. 또는 작은 물고기로 식용 가치가 없어 자산어보에서 배제되었을 수도 있다.

新자산어보에서 이 종은 농어목(Perciformes), 동갈돔과(Apogonidae)에 속한다. 등지느러미는 2개로 분리되어 있으며 제1등지느러미는 가시 7개, 제2등지느러미는 가시 1개, 줄기 9개로 구성되어 있다. 뒷지느러미는 가시 2개, 줄기 7~8개, 가슴지느러미는 줄기 15개, 옆줄 비늘은 24~25개, 척추뼈는 24개이다. 체고는 다소 높은 편이며 몸은 심하게 측편되어 있다. 입은 작지만 양턱의 이빨은 새의 부리처럼 융합되어 있어 매우 강하다. 몸은 작은 빗비늘로 덮여 있다. 몸은 밝은 청회색 바탕에 7줄의 뚜렷한 흑색가로띠가 몸을 가로지르며, 노성어가 되면 이러한 가로띠는 불분명해지고 대신 주둥이 선단부가 검게 된다. 수심 25~110m(주로 35~90m) 지점에서 바닥이 모래, 펄 또는 사펄인 곳에 많이 서식한다. 산란을 위해 5~6월경 연안 가까이로 들어오며 부화된 자치어는 산란장에서 머물다가 성장하면서 깊은 곳으로 이동한다. 한국, 중국, 일본, 대만에 분포한다. 7~9월에 산란하며, 수컷이 알을 입에 품는 구중부화 물고기이다. 최대 크기는 9cm이다. 작은 새우, 젓새우, 동물성플랑크톤 등을 먹는다. 인간에게 경제적 가치는 적지만 동물플랑크톤과 어식성 물고기의 중간단계에 위치하기 때문에 해양생태계에서 중요한 역할을 담당하다. 자산어보에는 기록이 없는 종으로 한국에는 비교적 남해안의 수심 깊은 곳에서 많이 어획된다.

청보리멸 *Sillago japonica* (Temminck and Schlegel, 1843)

자산어보에는 기록이 없는 종으로, 본종은 남해와 동해에서 주로 채집되며, 서해에서는 드물게 채집되는 특성상 과거에 흑산도에서 어획되지 않은 것 같다.

新자산어보에서 이 종은 농어목(Perciformes), 보리멸과(Sillaginidae)에 속한다. 제1등지느러미 가시는 11개, 제2등지느러미 가시는 1개, 줄기는 20~21개, 가슴지느러미 줄기는 17개, 뒷지느러미 가시는 2개, 줄기는 21~22개, 옆줄 비늘은 66~70개, 척추뼈는 35개이다. 몸은 가늘고 길며 측편되어 있다. 주둥이는 길고 뾰족하며 입은 작다. 아가미 뚜껑에 약한 1개의 가시가 있다. 등지느러미는 2개이며 제2등지느러미는 뒷지느러미와 대칭을 이룬다. 꼬리지느러미는 중앙부가 약간 오목하다. 체색은 등쪽은 담갈색을 띠며 배 쪽은 백색을 띤다. 해양의 바닥이 모래인 얕은 곳에서 서식한다. 한국 전 연안, 일본, 대만, 필리핀 등지에 분포한다. 산란기는 6~7월로 연안의 모래바닥에 산란한다. 최대 크기는 30cm이다. 새우, 게, 갯지렁이를 먹는다. 주로 회, 구이로 이용된다.

가라지 *Decapterus maruadsi* (Temminck and Schlegel, 1843)

자산어보에는 '가고도어'로 표기되어 있고, 그 설명으로 "몸이 약간 작고, 빛깔은 매우 연하며, 입이 작은데다 입술이 엷다. 꼬리는 넓고 작은 가시가 있다. 모양은 날개까지 달고 있다. 맛은 달콤하여 고등어보다 좋다."라고 하였다.

新자산어보에서 이 종은 농어목(Perciformes), 전갱이과(Carangidae)에 속한다. 제1등지느러미 가시는 8개, 제2등지느러미 가시는 1개, 줄기는 30~36개, 뒷지느러미 가시는 앞쪽에 2개, 뒤쪽에 1개, 줄기는 25~30개, 모비늘은 30~37개, 척추뼈는 24개이다. 몸은 방추형이며 측편되어 있다. 아래턱이 약간 돌출하였으며 양턱니는 발달되어 있다. 제2등지느러미와 뒷지느러미 뒤쪽에 토막지느러미가 각각 1개씩 있다. 가슴지느러미 뒤끝은 제2등지느러미 기부에 이른다. 몸의 뒤쪽에 옆줄을 따라 모비늘로 덮혀 있다. 꼬리지느러미는 가랑이형이다. 체색은 등 쪽은 청색을 띠며 배 쪽은 은백색을 띤다. 해양의 수심 20m 이내의 바닥에 서식한다. 제주도 서쪽과 대마도 주변에 서식하는 무리는 겨울에 남쪽으로 이동하고 여름에는 연안이나 내만으로 이동한다. 한국 남해, 일본 남부해, 남중국해, 대만 등에 분포한다. 산란기는 7~8월로 연안의 10~30m 수심에서 산란한다. 최대 크기는 25cm 이다. 새우, 동물성플랑크톤, 작은 물고기를 먹는다. 구이로 많이 이용한다. 흑산도 방언은 '아지' 이다.

전갱이 *Trachurus japonicus* (Temminck and Schlegel, 1844)

자산어보에는 '가고도어'로 표기되어 있고, 그 설명으로 "몸이 약간 작고, 빛깔은 매우 연하며, 입이 작은데다 입술이 엷다. 꼬리는 넓고 작은 가시가 있다. 모양은 날개까지 달고 있다. 맛은 달콤하여 고등어보다 좋다."라고 하였다.

新자산어보에서 이 종은 농어목(Perciformes), 전갱이과(Carangidae)에 속한다. 제1등지느러미 가시는 8개, 제2등지느러미 가시는 1개, 줄기는 30~35개, 뒷지느러미 가시는 앞쪽에 2개, 뒤쪽에 1개, 줄기는 26~30개, 척추뼈는 24개이다. 몸은 방추형이며 체고는 낮다. 아래턱이 약간 돌출하였으며 양턱에는 작은 이빨이 발달해 있다. 제2등지느러미와 뒷지느러미 뒤쪽에 토막지느러미가 없다. 모비늘은 옆줄을 따라 전체적으로 덮여 있다. 꼬리지느러미는 가랑이형이다. 체색은 등 쪽은 암청색을 띠며 배쪽은 은백색을 띤다. 꼬리지느러미는 검고 나머지 지느러미는 모두 투명하다. 수심 50~275m에 주로 서식한다. 봄~여름에는 북쪽으로 이동하고 가을~겨울에는 남쪽으로 이동한다. 한국 전 연안, 동중국해, 황해, 발해 등에 분포한다. 산란기는 큐슈 서부해는 4~5월, 동중국해는 2~3월, 제주도 근해는 6~8월로 알려져 있다. 최대 크기는 50cm이며 새우, 오징어, 작은 물고기 등을 먹는다. 구이로 많이 이용한다. 흑산도 방언은 '아지' 이다.

방어 *Seriola quinqueradiata* (Temminck and Schlegel, 1845)

자산어보에는 '우동필'로 표기되어 있고, 그 설명으로 "몸은 약간 둥글며 살이 쪘으며 맛은 조금 시큼하고 달다. 청어보다 좋다. 청어가 잡히는 시기에 그물에 잡힌다."라고 하였다.

新자산어보에서 이 종은 농어목(Perciformes), 전갱이과(Carangidae)에 속한다. 제1등지느러미는 가시 6~7개, 제2등지느러미는 가시 1개, 줄기 29~36개, 뒷지느러미는 분리된 가시 2개가 있고 직후에 가시 1개, 줄기 17~22개가 있다. 몸은 유선형으로 꼬리자루가 매우 잘록한 반면 튼튼하다. 눈은 적당하고 머리의 측면에 위치한다. 주둥이는 선단부가 뾰족한 편으로, 위턱의 뒤끝은 눈의 앞가장자리를 약간 지난다. 위턱의 뒷가장자리는 부시리에 비하면 뾰족하게 각져 있다. 등지느러미는 2개로 제1등지느러미는 높이가 낮고 기저의 길이도 짧은 반면, 제2등지느러미는 전단부가 높고 뒤로 갈수록 완만하게 줄어들며 기저의 길이는 매우 길다. 가슴지느러미 길이는 배지느러미 길이와 거의 같고, 반면 부시리는 가슴지느러미가 배지느러미보다 짧다. 몸의 등쪽은 푸른색을 띠고 배 쪽은 은백색을 띤다. 체측 중앙에는 눈을 지나 꼬리자루까지 이어지는 황색 세로 줄무늬가 있다. 본종은 온대 및 아열대성 물고기로 난류를 따라 연안의 얕은 수심 대에 서식하며, 북태평양(한국, 일본, 하와이 등)에 범위하게 분포한다. 2~6월경 산란한다. 부시리보다 성장이 느린 편이다. 몸의 최대 크기는 150cm로 멸치, 고등어, 오징어 등을 먹는다. 횟감으로 즐겨 먹고 가끔 구이로도 먹는다. 유어는 떠다니는 해조(유조) 아래에 숨어 지내는 습성이 있다. 이 습성을 이용해서 양식어민들이 생포하여 방어 양식의 종묘로 이용한다. 흑산도 방언은 '방어' 이다.

주둥치 *Leiognathus nuchalis* (Temminck and Schlegel, 1845)

자산어보에는 기록이 없는 종으로, 작은 물고기로 식용 가치가 없어 자산어보에서 배제되었을 수도 있다.

新자산어보에서 이 종은 농어목(Perciformes), 주둥치과(Macroramphosidae)에 속한다. 등지느러미 가시는 8개, 줄기는 16개, 뒷지느러미 가시는 3개, 줄기는 14개이다. 몸은 계란형으로 측편되어 있다. 주둥이는 짧고 뾰족하며 신출이 가능하다. 입은 매우 작다. 등지느러미는 뒷지느러미보다 앞쪽에서 시작한다. 꼬리자루는 잘록하며 꼬리지느러미는 가랑이형이다. 체색은 등 쪽은 암청색을 띠며 옆쪽과 배 쪽은 은백색을 띤다. 머리의 등 쪽과 등지느러미의 가시부에 큰 검은 반점이 있다. 옆줄 위쪽으로 황색 점상 무늬가 나타난다. 수심이 얕은 연안과 기수역에 서식한다. 한국, 일본, 대만, 중국 등에 분포한다. 산란기는 6월로 추정한다. 최대 크기는 25cm이다. 무리를 지어 산다. 남해안에서는 젓갈로 이용한다.

군평선이 *Hapalogenys mucronatus* (Eydoux and Souleyet, 1850)

자산어보에는 '닥도미'로 표기되어 있고, 그 설명으로 "큰 놈은 4~5치 정도인데, 모양은 도미를 닮았다. 색은 희고 가시는 매우 단단하며 맛은 박하다."라고 하였다.

新자산어보에서 이 종은 농어목(Perciformes), 하스돔과(Haemulidae)에 속한다. 등지느러미 가시는 9개, 줄기는 15개, 가슴지느러미 줄기는 19개, 뒷지느러미 가시는 3개, 줄기는 9개, 옆줄 비늘은 48~49개이다. 몸은 측편되고 체고는 높다. 눈은 머리의 등쪽에 위치한다. 주둥이는 짧고 뾰족하다. 양턱에는 여러 줄의 작은 원뿔니가 있다. 등지느러미 가시는 매우 단단하며 특히 세 번째 가시가 길다. 꼬리지느러미는 뒷가장자리는 둥글다. 몸은 주둥이와 양턱을 제외하고 단단한 빗비늘로 덮여있다. 몸에는 넓은 암갈색 가로줄무늬가 있다. 지느러미는 황색을 띤다. 해양의 수심 20~100m에 서식한다. 봄에는 중국 연안 및 한국의 남해 및 서해 연안으로 이동해 오며 가을이 되면 남쪽으로 이동한다. 한국 서해, 남해, 일본 남부해, 황해, 발해, 동중국해 등에 분포한다. 산란기는 동중국해에서는 4~6월, 발해와 황해에서는 7~8월로 연안으로 몰려와 산란한다. 최대 크기는 25cm 정도이다. 저서동물 중 새우를 즐겨 먹는다. 말려서 회, 구이, 찜 등에 이용된다. 흑산도 방언은 '닥돔, 딱돔' 이다.

참돔 *Pagrus major* (Temminck and Schlegel, 1843)

자산어보에는 '도미'로 표기되어 있고, 그 설명으로 "큰 놈은 길이가 3~4자에 달하며 모양은 농어를 닮았다. 몸은 짧고 체고는 길이의 반쯤된다. 등은 빨갛고 꼬리는 넓으며, 비늘은 민어를 닮아 매우 단단하다. 머리 또한 단단하여 다른 물체와 부딪치면 거의 다 깨어져 버린다. 살코기는 탄력 있고 맛이 좋으며 질다."라고 하였다.

新자산어보에서 이 종은 농어목(Perciformes), 도미과(Sparidae)에 속한다. 등지느러미는 1개로 가시부와 줄기부는 부드럽게 연결되어 있고 가시 12개, 줄기 10개로 구성된다. 뒷지느러미는 가시 3개, 줄기 8개, 가슴지느러미는 줄기 14~15개, 옆줄비늘은 58~59개이다. 체고는 다소 높고 몸은 측편되어 있다. 등지느러미 가시는 매우 강한 편이다. 양턱에는 2줄의 큰 어금니가 줄지어 있고 앞끝에는 날카로운 송곳니가 나 있다. 몸의 등 쪽은 선홍색 바탕에 청록색 반점이 산재하고 복부는 은백색을 띤다. 꼬리지느러미의 뒷가장자리는 검다. 수심 10~50m의 암초나 사펄 바닥에 서식한다. 제주도 서남부 해역에서 월동하고 봄이 되면 중국 및 한국 서해 연안으로 북상하여 산란하고 가을이 되면 남하한다. 성어는 산란기에 얕은 곳에서 회유한다. 북서태평양(한국, 중국, 일본, 대만)에 분포한다. 4~7월에 산란하고 산란기간 중 다회 산란하며 주로 저녁 무렵에 산란한다. 최대 크기는 100cm이다. 주로 저서 무척추동물을 먹고, 작은 물고기도 먹는다. 참돔은 주로 고급 횟감으로 이용되며 그 외 튀김, 구이, 매운탕 등으로도 먹는다. 중국에서는 약재로도 이용된다. 최근 연구에 따르면 본종은 Chrysophrys major로 속명이 이전된 바 있다. 흑산도 방언은 '도미' 이다.

눈강달이 *Collichthys niveatus* (Jordan and Starks, 1906)

자산어보에 의하면, "가장 작은 놈은 속칭 황석어라고 한다."라고 하였다.

新자산어보에서 이 종은 농어목(Perciformes), 민어과(Sciaenidae)에 속한다. 등지느러미는 가시부와 줄기부 사이에 움푹 팬 부위가 있고 가시는 9개, 줄기는 25~26개이다. 뒷지느러미는 가시 2개, 줄기 12개, 척추뼈는 27개이다. 몸은 측편되어 있으며 체고는 높은 편이다. 머리의 등 쪽에 닭볏 모양의 가시가 두 갈래로 갈라져 있다. 입은 크고 위턱의 뒤끝은 눈의 뒷가장자리에 도달한다. 뒷지느러미 첫 번째 가시는 휘어져 있다. 몸은 담갈색 또는 황회색을 띠며 배 쪽으로 갈수록 밝아지는 동시에 황금색이 강해진다. 수심 17~90m(주로 25~50m) 지점에서 바닥이 모래펄 또는 모래인 곳에 서식한다. 한국, 중국에 분포한다. 6~7월이 산란기이다. 최대 크기는 15cm이며 새우, 젓새우, 오징어 등을 먹는다. 한국 서해 남부에서는 주로 안강망에서 어획되며 살짝 말린 다음 찜으로 요리해서 먹는다. 흑산도 방언은 '황실이' 이다.

민태 *Johnius grypotus* (Richardson, 1846)

자산어보에는 기록이 없는 종으로, 본종은 열대~아열대 해역에 서식하는 특성상 최근 기후변화로 인해 흑산도 해역에서 출현한 것 같다. 또는 드물게 잡혔더라도 작은 물고기로 식용 가치가 없어 자산어보에서 배제되었을 수도 있다.

新자산어보에서 이 종은 농어목(Perciformes), 민어과(Sciaenidae)에 속한다. 등지느러미는 가시부와 줄기부 사이에 움푹 팬 부위가 있고 가시는 10~11개, 줄기는 27~29개이다. 뒷지느러미는 가시 2개, 줄기 8개, 척추뼈는 25개이다. 몸은 측편되어 있으며 체고는 높은 편이다. 주둥이 선단부는 둥글고 입은 머리의 약간 배 쪽에 위치한다. 입은 크고 위턱의 뒤끝은 눈의 뒷가장자리에 도달하거나 조금 못 미친다. 아래턱의 선단부에는 4개의 감각공이 있다. 양턱에는 4~5줄의 이빨이 나 있고 아래턱 이빨은 거의 같은 크기이다. 몸의 등 쪽은 담갈색을 띠며 배 쪽으로 갈수록 밝아진다. 수심 25~110m(주로 35~85m) 지점에서 바닥이 모래펄 또는 펄인 곳에 서식한다. 한국, 중국에 분포한다. 산란기는 4~7월로, 산란기가 되면 어군을 형성하여 얕은 곳으로 이동하여 산란한다. 최대 크기는 13.7cm이다. 새우, 젓새우, 오징어, 작은 물고기, 동물성플랑크톤 등을 먹는다. 민태는 Johnius belengerii로도 불리고 있어 분류학적 재검토가 필요한 종이다.

보구치 *Pennahia argentata* (Houttuyn, 1782)

자산어보에 의하면, "조기 중에 조금 큰 놈을 속칭 보구치라 했고, 몸이 크나 머리가 짧고 작으며 구부러져 있다. 그러므로 후두부가 높다. 맛은 비린내가 나 포를 만드는 데 쓰일 수 있을 뿐이다. 칠산 앞바다에서 나는 보구치(속칭 흰조기)는 그 맛이 조금 나으나 그것 역시 좋지 않다."라고 하였다.

新자산어보에서 이 종은 농어목(Perciformes), 민어과(Sciaenidae)에 속한다. 등 지느러미는 가시부와 줄기부 사이가 움푹 패여 있고 가시는 11개, 줄기는 26~29개이다. 뒷지느러미는 가시 2개, 줄기 7개, 척추뼈는 25개이다. 몸은 측편되어 있으며 체고는 높다. 주둥이는 약간 둥글고 입은 머리의 선단부에 위치한다. 입은 크고 위턱의 뒤끝은 눈의 뒷가장자리에 도달한다. 아래턱의 선단부에는 3쌍의 감각공이 있다. 양턱에는 여러 줄의 이빨이 나 있다. 꼬리지느러미는 뭉툭한 창형이다. 몸의 등 쪽은 회갈색을 띠며 배 쪽은 은백색을 띤다. 아가미뚜껑에 큰 1개의 검은 색 반점이 있다. 수심 15~140m(주로 30~75m) 지점에서 바닥이 모래 또는 펄인 곳에 서식한다. 한국, 중국, 일본에 분포한다. 산란기는 5~8월이다. 최대크기는 40cm이며 새우, 게, 오징어, 작은 물고기 등을 먹는다. 본종은 Argyrosomus argentata로도 불린다. 흑산도 방언은 '백조기' 이다.

참조기 *Larimichthys polyactis* (Bleeker, 1877)

자산어보에는 '조기'로 표기되어 있고, 그 설명으로 "큰 놈은 한 자 남짓 된다. 모양은 민어를 닮았고 몸은 작으며, 맛 또한 민어를 닮아 아주 담담하다. 쓰임새도 민어와 같다."라고 하였다.

新자산어보에서 이 종은 농어목(Perciformes), 민어과(Sciaenidae)에 속한다. 등지느러미 가시부와 줄기부 사이는 움푹 패여 있고 가시는 10개, 줄기는 32~34개이다. 뒷지느러미는 가시 2개, 줄기 9개, 척추뼈는 29~30개이다. 몸은 길며 측편되어 있다. 주둥이는 약간 둥글고 입은 머리의 선단부에 위치한다. 입은 크고 위턱의 뒤끝은 눈의 뒷가장자리에 도달한다. 아래턱의 선단부에는 2쌍의 감각공이 있다. 꼬리지느러미는 발달된 창형이다. 몸의 등 쪽은 회갈색을 띠며 배 쪽은 황금색을 띤다. 수심 22~114m(주로 35~85m) 지점에서 바닥이 모래펄 또는 펄인 곳에 서식한다. 한국, 중국에 분포한다. 산란기는 3~6월로 산란장은 한국 서해안과 중국 연안이다. 겨울에 제주도 서남부 해역에서 월동하고, 봄이 되면 북상하기 시작하여 발해까지 갔다가 가을이 되면 남하하는 남북회유를 한다. 최대 크기는 40cm이다. 새우, 젓새우, 동물성 플랑크톤, 작은 물고기 등을 먹는다. 최근 황해, 동중국해 서식 참조기는 1개의 큰 계군을 형성하고 있는 것으로 보고된 바 있다. 이는 한국과 중국이 참조기 자원을 공동으로 관리해야 한다는 것을 의미한다.

노랑촉수 *Upeneus japonicus* (Houttuyn, 1782)

자산어보에는 기록이 없는 종으로, 본종은 아열대 해역에 서식하는 특성상 최근 기후 변화로 인해 흑산도 해역에서 출현한 것 같다.

新자산어보에서 이 종은 농어목(Perciformes), 촉수과(Mullidae)에 속한다. 제1등 지느러미 가시는 7개, 제2등지느러미 줄기는 9개, 뒷지느러미 줄기는 7개, 가슴지느러미 줄기는 13~14개, 옆줄 비늘은 31~33개, 척추뼈는 23~26개이다. 몸은 가늘고 길다. 위턱이 아래턱보다 길다. 등지느러미는 2개로 분리되어 있으며 제2등지느러미와 뒷지느러미는 거의 일직선상에 위치한다. 몸은 원통형이다. 체색은 등 쪽은 적색, 배 쪽은 백색을 띤다. 아래턱의 촉수는 황색이다. 등지느러미와 꼬리지느러미에는 적색 세로 줄무늬가 있다. 해양의 산호초 주변 수심 20~200m에 서식한다. 한국 남해, 일본 중부 이남, 동중국해, 서태평양, 인도양에 분포한다. 산란기는 5~11월이다. 최대 크기는 15.7cm 이다. 아래턱의 한 쌍의 촉수를 이용하여 펄 또는 모래 속의 새우류 등 저서생물을 탐색한다. 새우 등 저서동물을 먹는다.

돌돔 *Oplegnathus fasciatus* (Temminck and Schlegel, 1844)

자산어보에는 기록이 없는 종으로, 본종은 온대 해역에 서식하는 물고기로 알려져 있지만 한국에는 비교적 남해와 동해에서 출현한 기록이 많아 서해남부에 위치하는 흑산도에서는 비교적 드물게 출현하는 것 같다.

新자산어보에서 이 종은 농어목(Perciformes), 돌돔과(Oplegnathidae)에 속한다. 등지느러미는 가시 11~12개, 줄기 16~18개, 뒷지느러미는 가시 3개, 줄기 12~13개, 가슴지느러미는 17~18개로 구성되어 있다. 체고는 다소 높은 편이며 몸은 심하게 측편되어 있다. 입은 작지만 양턱의 이빨은 새의 부리처럼 융합되어 있어 매우 강하다. 몸은 작은 빗비늘로 덮여 있다. 몸은 밝은 청회색 바탕에 7줄의 뚜렷한 흑색 가로띠가 몸을 가로지르며, 노성어가 되면 이러한 가로띠는 불분명해지고 대신 주둥이 선단부가 검게 된다. 연안의 얕은 암초 지대에서 서식한다. 어릴 때는 떠다니는 유조에 붙어 살다가 성장하면서 바닥으로 내려가 저서생활로 이행한다. 한국, 중국, 일본, 대만, 하와이에 분포한다. 4~7월에 산란하고 다회 산란하며 해질 무렵에 주로 산란한다. 최대크기는 80cm이다. 어릴 때는 부유성 작은 새우를 먹다가 성장하면서 저서성 또는 부착성 동물의 껍질을 이빨로 부순 다음 속살을 먹는다. 횟감, 구이, 매운탕 등으로 이용된다. 돌돔과 유사한 종으로 강담돔(Oplegnathus punctatus)이 있으며, 돌돔과 강담돔 사이에 자연 교잡종이 발견된 보고가 있다. 흑산도 방언은 '줄돔'이다.

망상어 *Ditrema temminckii* (Bleeker, 1853)

자산어보에는 '망치어'로 표기되어 있고, 그 설명으로 "큰 놈은 1자 정도이고 모양은 도미를 닮았으나 높이는 더 높고 입이 작으며 빛깔이 희다. 태에서 자어를 낳는다. 살이 찌고 연하며 맛이 달다."라고 하였다.

新자산어보에서 이 종은 농어목(Perciformes), 망상어과(Embiotocidae)에 속한다. 등지느러미는 가시부와 줄기부가 부드럽게 연결되어 있으며 가시는 9~11개, 줄기는 19~22개이다. 뒷지느러미는 가시 3개, 줄기 23~28개, 가슴지느러미는 줄기 18~22개, 척추뼈는 35~39개이다. 몸은 계란형으로 체고가 약간 높고 몸은 측편되어 있다. 입은 작고 위턱의 뒤끝은 눈의 앞가장자리에 못 미친다. 양턱에는 작은 원뿔니가 1열로 나 있다. 몸의 등 쪽은 청색을 띠며 배 쪽은 은백색을 띤다. 눈의 앞쪽으로 2줄의 검은색 띠가 나 있고 아가미 뚜껑의 배 쪽에 2개의 검은색 반점이 뚜렷이 관찰된다. 바닥이 모래나 암초지역의 연안에 서식하며 모자반 종류의 해조류가 있는 곳에도 서식한다. 한국, 중국, 일본에 분포한다. 본종은 자어를 낳는 태생 물고기로 11월에 교미가 이루어지고 이듬해 4~5월에 10~30마리의 자어를 낳는다. 최대크기는 24cm이다. 어릴 때는 새우 등을 먹다가 성어가 되면 펄 바닥에 있는 작은 무척추동물을 먹는다. 최근에 본종은 2개의 아종, Ditrema temminckii pacificum과 Ditrema temminckii temminckii 으로 보고된 바 있다.

등가시치 *Zoarces gilli* (Jordan and Starks, 1905)

자산어보에는 '골망어'로 표기되어 있고, 그 설명으로 "큰 놈은 2자 남짓 되고, 몸은 야위며 길다. 입이 약간 크고 맛이 싱겁다."라고 하였다.

新자산어보에서 이 종은 농어목(Perciformes), 등가시치과(Zoarcidae)에 속한다. 등지느러미는 머리 후단부에서 꼬리지느러미까지 길게 나 있는데 앞쪽은 줄기 91개, 그 뒤로 짧은 가시 15~18개, 그 뒤로 다시 줄기 23~26개로 구성되어 있다. 뒷지느러미는 줄기 108~110개, 척추뼈는 130~131개이다. 체고는 낮고 몸은 길며 측편되어 있다. 입은 크며 위턱의 뒤끝은 눈의 뒷가장자리에 달하거나 조금 지난다. 눈은 머리의 등 쪽에 치우쳐 있으며 양 눈 사이는 평편하다. 위턱이 아래턱보다 머리의 선단부에 위치한다. 몸은 작은 둥근 비늘로 덮여 있고 피부에 묻혀 있다. 몸의 등 쪽은 황갈색 바탕에 체측 중앙 및 등지느러미 기저를 따라 여러 개의 암갈색 반문이 1열로 나타나며 배 쪽은 희다. 등지느러미 선단부에 검은 반점이 뚜렷하다. 수심 30~91m(주로 50~85m)의 바닥이 사펄인 곳에 서식한다. 연안성 물고기로 기수역에도 서식한다. 한국, 중국, 일본에 분포한다. 태생 물고기로 알려져 있다. 최대 크기는 47cm이다. 흑산도 방언은 '골망디' 이다.

무점등가시치 *Zoarces elongatus* (Kner, 1868)

자산어보에는 '골망어'로 표기되어 있고, 그 설명으로 "큰 놈은 2자 남짓 되고, 몸은 야위며 길다. 입이 약간 크고 맛이 싱겁다."라고 하였다.

新자산어보에서 이 종은 농어목(Perciformes), 등가시치과(Zoarcidae)에 속한다. 등지느러미는 머리 후단부에서 꼬리지느러미까지 길게 나 있는데 앞쪽부터 줄기 90~93개, 그 뒤로 짧은 가시 14~16개, 그 뒤로 다시 줄기 25~27개가 있다. 뒷지느러미 줄기는 107~110개, 배지느러미 줄기는 3개, 가슴지느러미 줄기는 19~20개, 척추뼈는 126~132개이다. 체고는 낮고 몸은 길며 측편되어 있다. 입은 매우 크며 위턱의 뒤끝은 눈의 뒷가장자리를 지난다. 눈은 머리의 등 쪽에 치우쳐 있으며 양 눈 사이는 둥글다. 위턱이 아래턱보다 머리의 선단부에 위치한다. 몸은 둥근 비늘로 덮여 있다. 몸은 전체적으로 회갈색을 띠며, 등지느러미 기저 아래쪽을 따라 여러 개의 암갈색 반문이 희미하게 줄지어 나타난다. 등지느러미에는 어떠한 반점도 없다. 연안에서 수심 300m 사이의 사펄 바닥에 서식한다. 산란기에는 기수지역으로 들어오며 한국, 중국, 일본, 러시아에 분포한다. 태생 물고기로 알려져 있으며, 또한 초겨울이 산란기로 알려져 있다. 최대크기는 50cm이다.

왜도라치 *Chirolophis wui* (Wang and Wang, 1935)

자산어보에는 '대광어'로 표기되어 있고, 그 설명으로 "길이는 1자 정도이고 몸은 가늘기가 손가락 같으며 머리는 손끝과 같다. 빛깔은 검붉고 껍질은 미끄럽다. 흙탕 속에 엎드린다. 포를 만들면 맛이 좋다."라고 하였다.

新자산어보에서 이 종은 농어목 (Perciformes), 장갱이과 (Stichaeidae)에 속한다. 등지느러미 가시는 65~67개, 뒷지느러미 가시는 1개, 줄기는 40~42개, 배지느러미 가시는 1개, 줄기는 3~4개이다. 몸은 길고 약간 통통하다. 주둥이는 뭉툭하고 입의 뒤끝은 눈의 중앙에 이른다. 눈, 뺨, 턱 위쪽, 등지느러미 앞쪽 가시에 피질돌기가 발달했다. 등지느러미와 뒷지느러미는 길게 각각 1개로 되어 있다. 꼬리지느러미는 뒤끝이 둥글다. 체색은 몸은 황색 바탕이며 등과 배를 가로지르는 암갈색 바탕의 넓은 가로띠가 7~8개 있다. 등지느러미와 뒷지느러미에는 흑색의 경사진 줄무늬가 7개 정도 있다. 꼬리지느러미에는 흑색 세로 줄무늬가 2~3개 있다. 연안의 바위지역에 서식한다. 한국 서해, 남해, 중국 등에 분포한다. 최대 크기는 40cm이다.

까나리 *Ammodytes personatus* (Girard, 1856)

자산어보에는 '공멸'로 표기되어 있고, 그 설명으로 "큰 놈은 5~6치. 몸이 길고 야위며 머리가 작다. 코부리는 반 치 정도로, 빛깔은 푸르다."라고 하였다.

新자산어보에서 이 종은 농어목(Perciformes), 까나리과(Ammodytidae)에 속한다. 등지느러미 줄기는 54~59개, 뒷지느러미 줄기는 28~32개, 가슴지느러미 줄기는 14~16개, 척추뼈는 62~67개이다. 몸은 가늘고 길며 횡단면은 거의 원통형에 가까운 측편형이다. 입은 크고 위턱의 뒤끝은 눈의 중앙에 약간 미치지 못한다. 아래턱이 위턱보다 머리의 선단에 위치한다. 배지느러미가 없다. 항문은 몸의 중앙에 위치한다. 몸의 등 쪽은 암청색을 띠지만 측면에서 배면 사이는 은백색을 띤다. 수심 75m 지점에서 바닥이 모래 또는 사펄인 곳에서 서식한다. 산란기가 되면 연안 가까이 회유하여 수심 20~30m에서 산란하고, 수온 15℃ 이하일 때는 떼 지어 중층을 헤엄쳐 다니며 동물플랑크톤을 섭이하다가 15℃ 이상이 되면 모래 속으로 들어가 여름잠을 잔다. 북서태평양(한국, 중국, 일본)에 분포한다. 겨울~초봄이 산란기이다. 점착성 어란을 낳는다. 최대 크기는 남해는 127mm, 동해는 228mm로 지역마다 다르다. 이는 여름잠을 자는 정도 차이인 것으로 보인다. 즉, 동해는 북한한류의 영향으로 성장이 양호한 반면, 남해는 대마난류의 영향으로 여름잠을 자는 기간이 길어 성장이 느리다. 본종을 동해 어민은 양미리, 서해 어민은 까나리로 부른다. 동물성 플랑크톤을 주로 먹는다. 서해에서는 액젓을 담아 먹고 동해에서는 구이로 먹는다. 형태/분자 연구에서 2개 계군(북방/남방계군)이 존재하는 것으로 보고되었다. 북방계군은 크고 척추골수가 많지만, 남방계군은 작고 척추골수가 적다. 자어의 경우 북방계군은 협부 및 소화관에 흑색소포가 뚜렷한 반면, 남방계군은 협부에 흑색소포가 희미하고 소화관에는 전혀 없다. 따라서 두 계군은 서로 다른 종 또는 아종일 가능성이 크다.

얼룩통구멍 *Uranoscopus japonicus* (Houttuyn, 1872)

자산어보에는 기록이 없는 종으로, 한국 남해의 비교적 수심 깊은 곳에서 어획되는 특성상 과거에 흑산도에서 어획되지 않은 것 같다.

新자산어보에서 이 종은 농어목 (Perciformes), 통구멍과 (Uranoscopidae)에 속한다. 제1등지느러미 가시는 4~5개, 제2등지느러미 줄기는 13~15개, 뒷지느러미 줄기는 14~15개, 가슴지느러미 줄기는 18~19개, 배지느러미 가시는 1개, 줄기는 5개, 옆줄 비늘은 40~65개, 척추뼈는 26개이다. 몸은 원통형으로 굵고 짧다. 눈은 작고 등쪽에 위치한다. 머리는 골질판으로 덮혀 있다. 입은 위를 향해 열려 있으며 아래턱이 위턱보다 앞쪽에 있다. 아가미뚜껑 바로 뒤에 크고 단단한 가시가 1개 있다. 배지느러미는 목 부분에 위치한다. 몸의 등 쪽에는 갈색의 그물모양 무늬가 있으며 배쪽은 희다. 해양의 수심 250~300m의 수심에 서식한다. 큰 이동은 없다. 한국 남해, 서해, 일본, 동중국해에 서식한다. 산란기는 4~10월이다. 최대 크기 30cm 정도이다. 육식성으로 저서성 동물을 주로 먹는다. 탕 또는 말려서 구이로 이용한다.

꾹저구 *Chaenogobius urotaenia* (Hilgendorf, 1879)

자산어보에는 기록이 없는 종으로, 본종은 강, 하천, 호수에서 서식하는 특성상 자산어보에서 배제된 것 같다. 본 조사에서는 하천의 하류에서 반두로 채집되었다.

新자산어보에서 이 종은 농어목(Perciformes), 망둑어과(Gobiidae)에 속한다. 등지느러미는 2개로 분리되어 있으며 제1등지느러미는 가시 7개, 제2등지느러미는 가시 1개, 줄기 9~12개로 구성되어 있다. 뒷지느러미는 가시 1개, 줄기 10~11개, 새파는 8~11개, 척추뼈는 34~35개이다. 몸은 약간 측편되어 있으나 머리는 심하게 종편되어 있다. 양 눈 사이는 비교적 멀리 떨어져 있다. 입은 크며 위턱의 뒤끝은 눈의 뒷가장자리에 도달하거나 조금 지난다. 몸은 둥근 비늘로 덮여 있다. 몸은 황갈색 바탕에 검은 반점이 산재하며 꼬리지느러미 기저에 선명한 삼각형 모양의 흑색 반점이 나타난다. 강의 중류나 하류에 서식하며 유속이 완만한 웅덩이에도 서식한다. 광염성으로 알려져 있으나 일생을 호수나 연못에서 주로 보낸다. 한국, 일본, 러시아에 분포한다. 산란기는 5~7월이며 최대 크기는 14cm이다. 수서곤충을 먹는다. 강원도에 가면 꾹저구를 탕으로 끓여 먹는다.

도화망둑 *Amblychaeturichthys hexanema* (Bleeker, 1853)

자산어보에는 기록이 없는 종으로, 본종은 비교적 수심이 깊고 바닥이 펄인 곳에서 어획되는 특성상 주로 모래나 암반으로 이루어진 흑산도에서는 잘 어획되지 않은 것 같다. 또는 드물게 어획되었더라도 작은 물고기로 식용 가치가 없어 자산어보에서 배제된 것일 수도 있다.

新자산어보에서 이 종은 농어목(Perciformes), 망둑어과(Gobiidae)에 속한다. 등지느러미는 2개로 분리되어 있으며 제1등지느러미는 가시 8개, 제2등지느러미는 가시 1개, 줄기 15~16개로 구성되어 있다. 뒷지느러미는 가시 1개, 줄기 12~13개, 척추뼈는 13+21~22개이다. 몸은 측편되어 있고 양 눈 사이는 비교적 좁다. 입은 작고 위턱의 뒤끝은 눈의 중앙에 도달하지 못한다. 아래턱의 배면에 3쌍의 수염이 있다. 몸은 둥근 비늘로 덮여 있다. 몸은 담황색 또는 담홍색 바탕에 암갈색의 크고 작은 반점이 체측에 여러 개 있다. 수심 30~125m(주로 60~100m) 지점에서 바닥이 펄 또는 모래펄인 곳에 서식한다. 한국, 일본, 중국에 분포한다. 산란기는 2~5월이다. 산란방을 만드는 일반적인 망둑어 종류와 달리 바닥에 직접 알을 낳는다. 최대 크기는 17cm이다. 작은 새우나 물고기, 갯지렁이, 젓새우 등을 먹는다.

쉬쉬망둑 *Chaeturichthys stigmatias* (Richardson, 1844)

자산어보에는 기록이 없는 종으로, 본종은 바닥이 펄인 곳에서 어획되는 특성상 주로 모래나 암반으로 이루어진 흑산도에서는 잘 어획되지 않은 것 같다. 또는 드물게 어획되었더라도 작은 물고기로 식용 가치가 없어 자산어보에서 배제된 것일 수도 있다.

新자산어보에서 이 종은 농어목(Perciformes), 망둑어과(Gobiidae)에 속한다. 등지느러미는 2개로 분리되어 있으며 제1등지느러미는 가시 8개, 제2등지느러미는 가시 1개, 줄기 20~22개로 구성되어 있다. 뒷지느러미는 가시 1개, 줄기 18개, 척추뼈는 41개이다. 몸은 측편되어 있고 머리는 납작한 편이다. 입은 크고 위턱의 뒤끝은 눈의 중앙을 지난다. 아래턱의 배면에 4쌍의 수염이 있다. 몸은 담갈색 바탕에 암갈색 반점이 등쪽과 옆쪽에 산재하여 전체적으로 어둡게 보이며 배 쪽은 밝다. 제1등지느러미 6~8번째 가시 사이의 막에 검은색 반점이 선명히 관찰된다. 수심 11~111m(주로 43~85m) 지점에서 바닥이 펄인 곳에 서식한다. 한국, 중국에 분포한다. 최대 크기는 15.5cm이다.

다섯동갈망둑 *Pterogobius zacalles* (Jordan and Snyder, 1901)

자산어보에는 기록이 없는 종으로, 작은 물고기로 식용 가치가 없어 자산어보에서 배제된 것일 수도 있다.

新자산어보에서 이 종은 농어목(Perciformes), 망둑어과(Gobiidae)에 속한다. 제1등지느러미는 가시 8개, 제2등지느러미는 가시 1개, 줄기 24~25개, 뒷지느러미는 가시 1개, 줄기 24~26개, 종렬린 수는 100~117개이다. 등지느러미 앞쪽 비늘수는 33~40개이다. 몸은 약간 길고, 머리는 종편되어 있고 몸은 후반부로 갈수록 측편된다. 몸의 등 쪽과 배 쪽은 일직선에 가까운 완만한 곡선을 그린다. 주둥이는 짧고 뭉툭한 편으로 길고, 위턱의 뒤끝은 눈의 앞가장자리를 약간 지난다. 눈은 크고 머리의 등쪽에 위치한다. 등지느러미는 2개로 제1등지느러미는 기저의 길이가 다소 짧고, 그에 비해 제2등지느러미 기저의 길이는 긴 편이다. 꼬리지느러미는 뒷가장자리가 둥글다. 몸은 전체적으로 연한 갈색을 띠며 몸을 가로지르는 5줄의 흑갈색 가로띠가 선명하다. 이 가로띠는 머리에는 없고 몸에만 있는데, 마지막 가로띠는 꼬리지느러미 기저에 있다. 꼬리지느러미 뒷가장자리에 검은 줄무늬가 있다. 본종은 수심 20~40m의 얕은 암초 지역에서 서식하며 북서태평양(한국, 일본)에 분포한다. 몸의 최대 크기는 14cm 정도로 중층에서 무리지어 헤엄쳐 다닌다.

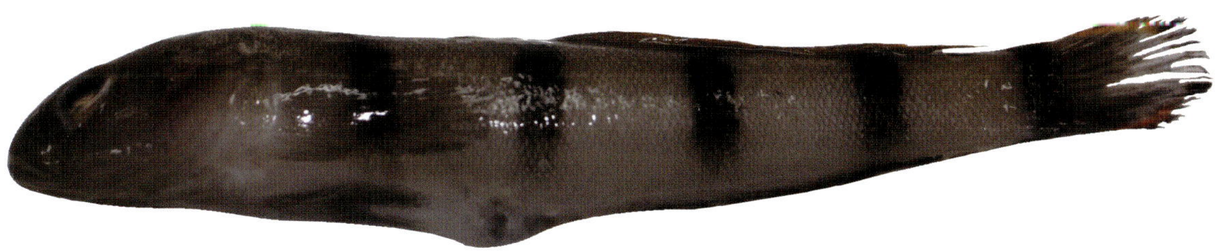

문절망둑 *Acanthogobius flavimanus* (Temminck and Schlegel, 1845)

자산어보에는 '무조어'로 표기되어 있고, 그 설명으로 "큰 놈은 2자가 조금 못 된다. 머리와 입은 크나 몸은 가늘다. 빛깔은 황흑색이며 고기 맛은 달고 집다. 조수가 왕래하는 곳에서 놀뿐 아니라 성질이 완강하여 사람을 두려워하지 않으므로 낚시로 잡기가 매우 수월하다. 겨울에는 흙탕물을 파고 들어가 산다. 이 물고기는 그 어미를 잡아먹기 때문에 무조어라 부른다."라고 하였다.

新자산어보에서 이 종은 농어목(Perciformes), 망둑어과(Gobiidae)에 속한다. 제1등지느러미는 가시 8개, 제2등지느러미는 가시 1개, 줄기 12~14개, 뒷지느러미는 가시 1개, 줄기 10~12개, 종렬린 수는 45~61개이다. 등지느러미 앞쪽 비늘 수는 20~31개이다. 머리는 크고 납작한 편이다. 몸의 전반부는 원통형이나 후반부로 갈수록 측편된다. 주둥이는 약간 길며 위턱의 뒤끝은 눈의 앞가장자리에 조금 못 미친다. 눈은 머리의 등 쪽에 위치한다. 등지느러미는 2개로 제1등지느러미는 기저의 길이가 짧은 반면, 제2등지느러미 기저의 길이는 긴 편이다. 꼬리지느러미 뒷가장자리는 둥글다. 몸은 전체적으로 연한 갈색을 띠며 등 쪽은 어둡고 배 쪽은 희다. 체측 중앙에는 약간 어두운 불규칙적인 무늬가 세로로 줄지어 나타난다. 등지느러미와 꼬리지느러미에는 암갈색의 무늬가 줄지어 나타나며 나머지 지느러미에는 그러한 무늬가 없다. 본종은 내만과 하구의 기수역 바닥에 서식하며 수심 5m 이내의 얕은 사니질 지역에 서식한다. 한국, 일본, 시베리아 등지에 분포하며 3~5월경 Y-형태의 둥지에 산란한다. 몸의 최대 크기는 30cm로 유어기에는 무리지어 행동을 하지만 성장하면 단독으로 생활한다. 작은 저서 동물을 먹는다. 구이, 횟감 등으로 이용하며 중국에서는 약재료로 사용된다.

독가시치 *Siganus fuscescens* (Houttuyn, 1782)

자산어보에는 기록이 없는 종으로, 본종은 열대~아열대 해역에 서식하는 특성상 최근 기후변화로 인해 흑산도 해역에서 출현한 것 같다.

新자산어보에서 이 종은 농어목(Perciformes), 독가시치과(Siganidae)에 속한다. 가슴지느러미와 꼬리지느러미를 제외한 모든 지느러미는 가시부가 매우 강하게 발달되어 있다. 등지느러미는 가시 13개, 줄기 10개, 뒷지느러미는 가시 7개, 줄기 9개, 배지느러미는 가시 1개, 줄기 3개, 가시 1개로 구성되어 있다. 몸은 난형으로 심하게 측편되어 있다. 입은 작지만 양턱의 이빨은 앞니처럼 생긴 이빨이 1열로 나 있다. 몸은 둥근비늘로 덮여 있으나 매우 작아 잘 보이지 않는다. 몸은 회갈색 또는 담황색 바탕에 흰색의 작은 타원형 반문이 산재하며 머리 후단부의 뒤쪽에는 안경 크기의 암갈색 반문이 1개 있다. 또한, 등지느러미 기저 아래쪽에는 여러 개의 부정형의 암갈색 띠가 나타난다. 해조류가 무성한 연안 암초역 근처에 서식하며 무리지어 다닌다. 한국, 중국, 일본, 대만, 말레이시아, 태국, 인도네시아, 필리핀, 뉴기니아, 호주에 분포한다. 7~8월에 산란하고 연안의 암초 또는 해조류가 많은 곳에서 산란한다. 최대 크기는 40cm이다. 어릴 때는 부착조류, 해조류의 싹, 히드라 등을 먹다가 성어가 되면 주로 해조류를 먹는다. 제주도에서는 횟감, 구이 등으로 이용된다. 지느러미 가시에는 독선이 있어 찔리면 극심한 통증을 유발함으로 주의가 요구된다.

꼬치고기 *Sphyraena pinguis* (Günther, 1874)

자산어보에는 기록이 없는 종으로, 본종은 열대~아열대 해역에 서식하는 특성상 최근 기후변화로 인해 흑산도 해역에서 출현한 것 같다.

新자산어보에서 이 종은 농어목(Perciformes), 꼬치고기과(Sphyraenidae)에 속한다. 등지느러미는 2개로 잘 분리되어 있으며, 제1등지느러미는 가시 5개, 제2등지느러미는 가시 1개와 줄기 9개로 구성된다. 뒷지느러미는 제2등지느러미 3번째 줄기 아래에서 시작되며 가시 2개와 줄기 9개로 구성된다. 가슴지느러미는 상단의 2개의 줄기는 갈라져 있지 않지만 그 아래의 11~13개의 줄기는 갈라져 있다. 옆줄 비늘은 82~94개, 척추뼈는 24개이다. 몸은 원통형으로 방추형에 가깝다. 주둥이는 비교적 길고 뾰족하며 양턱에는 날카로운 송곳니가 1열로 나 있다. 몸은 둥근 비늘로 덮여있다. 가슴지느러미의 후단부는 배지느러미의 기점을 지난다. 배지느러미는 제1등지느러미보다 앞쪽에서 시작한다. 몸의 등 쪽은 짙은 갈색을 띠며 배 쪽은 은백색을 띤다. 수심 20~160m에서 서식하며 겨울에는 깊은 곳에서, 봄~가을에는 얕은 곳에서 서식한다. 바닥이 모래, 사펄 또는 암반인 곳의 얕은 해역에서 떼 지어 다닌다. 봄~여름에는 연안 가까이에 몰려 있다가 가을~겨울에는 외해로 이동한다. 북서태평양(한국, 중국, 일본)에 분포한다. 6~9월에 산란하며, 다회 산란한다. 최대 크기는 50cm이다. 작은 물고기를 먹는다.

갈치 *Trichiurus japonicus* (Temminck and Schlegel, 1844)

자산어보에는 '갈치'로 표기되어 있고, 그 설명으로 "모양은 긴 칼과 같고, 큰 놈은 8~9자. 이빨은 단단하고 빽빽하다. 맛은 달고 물리면 독이 있다. 이른바 공치의 종류이나 몸이 약간 납작하다."라고 하였다.

新자산어보에서 이 종은 농어목(Perciformes), 갈치과(Trichiuridae)에 속한다. 전체 등지느러미 줄기는 125~145개, 항문 앞까지 등지느러미 줄기는 39~42개, 가슴지느러미 줄기는 10~12개, 항문 앞까지 척추뼈는 42~43개이다. 몸은 길며 횡단면은 측편되어 있다. 입은 크고 위턱의 뒤끝은 눈의 중앙에 달하거나 조금 지난다. 아래턱이 위턱보다 머리의 선단부에 위치한다. 양턱에는 매우 날카로운 이빨이 1열로 나 있으며 가장 앞쪽 2개는 갈고리 모양이다. 몸은 전체적으로 은백색을 띠며 구강 내 기저는 어둡다. 대륙붕의 저층에서 서식한다. 2~3월에는 제주도 서남부해역에서 월동하고, 4월부터 북상하기 시작하여 황해 및 발해까지 올라오며 9월경 남하한다. 낮에는 바닥에 머물다가 밤이 되면 표층으로 올라오는 일주 수직회유를 한다. 북서태평양(황해, 발해, 동중국해, 동해; 한국, 중국, 일본, 대만)에 분포한다. 5~11월이 산란기이다. 난경 1.59~1.88mm 크기의 부유성 어란을 낳는다. 몸의 최대 크기는 234cm 정도이다. 멸치, 깃비늘치 등 작은 물고기를 주로 먹는다. 횟감, 구이, 갈치국 등으로 이용된다. 본종의 학명은 학자마다 다르게 사용된다. 과거 갈치는 Trichiurus lepturus로 광범위하게 명명되었으나, 최근 연구에서 북서태평양 갈치는 T. lepturus와 분자/형태에서 잘 구분된다고 하여 별종인 Trichiurus japonicus로 불린다.

고등어 *Scomber japonicus* (Houttuyn, 1782)

자산어보에는 '고등어'로 표기되어 있고, 그 설명으로 "길이 2자 정도로 몸이 둥글고 비늘이 매우 잘며 등이 푸르고 무늬가 있다. 맛은 달콤하며 탁하다. 국을 끓이거나 젓을 만들 수 있으나 회나 어포는 만들지 못한다."라고 하였다.

新자산어보에서 이 종은 농어목(Perciformes), 고등어과(Scombridae)에 속한다. 제1등지느러미 가시 수는 9~11개, 제2등지느러미 가시 수는 1개, 줄기 수는 11~12개, 뒷지느러미 가시 수는 1개, 줄기 수는 12~14개, 척추뼈는 31개이다. 제2등지느러미와 뒷지느러미 후방에 나 있는 토막지느러미는 각각 5개이다. 몸은 다소 길고, 횡단면은 원통형에 가까운 측편형이다. 몸의 등 쪽과 배 쪽은 일직선에 가까운 완만한 곡선을 그린다. 위턱의 뒤끝은 동공의 중앙을 약간 지난다. 등지느러미는 2개로 제1등지느러미 기저에는 얕은 홈이 나 있어 지느러미를 접으면 홈 안으로 들어갈 수 있게 되어 있다. 부레를 가진다. 배지느러미 사이 돌기는 작다. 뒷지느러미 가시는 분명하고 줄기와 잘 구분된다. 체측 등 쪽에는 지그재그 모양의 폭이 좁은 줄무늬가 여러 개 나 있고, 배 쪽에는 그러한 무늬가 없으며 은백색을 띤다. 본종은 주로 수심 50~200m 수괴에서 떠다니며 생활하며, 봄~가을에 연안 표층에서 머물다 겨울이 되면 수심 깊은 곳으로 이동한다. 한국을 포함한 인도태평양, 남아프리카 등지에 분포한다. 5~6월에 제주도와 대마도 근해에서 부유성알을 산란한다. 몸의 최대 크기는 64cm로 연안 표층에서 큰 무리를 지어 헤엄쳐 다니며 동물성플랑크톤, 작은 새우, 작은 물고기, 작은 오징어 등을 먹는다. 구이, 염장 등으로 이용하며 중국에서는 약재료로 사용된다. 최근 신선한 상태에서 횟감으로도 사용한다. 최근 고등어 선망에서 어획된 고등어 유어를 산 채로 운반하여 단기간 사육 후 고가로 판매한다. 통영 등지에서는 별도로 설치된 해상 가두리양식장에서 이들 고등어 유어를 5~6개월간 사육한 다음 활어 상태로 대도시에 판매함으로써 고소득을 창출하고 있다.

삼치 *Scomberomorus niphonius* (Cuvier, 1832)

자산어보에는 '망어'로 표기되어 있고, 그 설명으로 "큰 놈은 8~9자. 몸이 둥글고 그 둘레는 3~4뼘 정도 되며 머리와 눈이 작다. 비늘은 아주 잘고 등은 검다. 매우 용감하여 능히 수십 자를 뛴다. 맛은 시고 짙어서 텁텁하고 좋지 않다."라고 하였다.

新자산어보에서 이 종은 농어목(Perciformes), 고등어과(Scombridae)에 속한다. 제1등지느러미 가시 수는 19~21개, 제2등지느러미 줄기 수는 15~19개, 뒷지느러미 줄기 수는 16~20개, 척추뼈는 48~50개이다. 제2등지느러미와 뒷지느러미 후방으로 6~9개 및 7~9개의 분리된 토막지느러미가 있다. 몸은 다소 길고, 횡단면은 측편형이다. 몸의 등 쪽과 배 쪽은 일직선에 가까운 완만한 곡선을 그린다. 주둥이 선단부는 뾰족한 편으로 길고, 위턱의 뒤끝은 눈의 뒷가장자리에 도달한다. 양턱에는 삼각형의 날카로운 이빨이 나 있다. 등지느러미는 2개로 제1등지느러미는 기저의 길이가 매우 길고, 그에 비해 제2등지느러미 기저의 길이는 매우 짧다. 부레가 없다. 배지느러미 사이 돌기는 작다. 옆줄은 부드러운 곡선 형태로 되어 있다. 몸은 작은 비늘로 덮여 있다. 체측 등쪽은 회청색을 띠며 배 쪽은 은백색을 띤다. 체측 중앙에는 동공만한 크기의 둥근 회청색 반점이 여러 줄 나타난다. 본종은 수심 200m보다 얕은 연근해에서 서식하며, 봄~여름에는 북쪽으로 이동했다가 가을~겨울이 되면 월동을 위해 남쪽으로 이동한다. 북서태평양(한국, 일본, 중국, 러시아)에 분포한다. 4~6월에 서남해 연안으로 들어와 산란하며 부유성 어란(난경 1.60~1.86mm)을 낳는다. 몸의 최대 크기는 100cm로 어릴 때는 새우, 물고기 등을 먹지만 성장하면서 멸치, 까나리 등 어식성으로 바뀐다. 구이 등으로 이용하며 선어 상태에서 회로도 즐겨 먹는다.

샛돔 *Psenopsis anomala* (Temminck and Schlegel, 1884)

자산어보에는 기록이 없는 종으로, 본종은 열대~아열대 해역에 서식하는 특성상 최근 기후변화로 인해 흑산도 해역에서 출현한 것 같다.

新자산어보에서 이 종은 농어목(Perciformes), 샛돔과(Centrolophidae)에 속한다. 등지느러미 가시는 7~8개, 줄기는 27~33개, 뒷지느러미 가시는 3개, 줄기는 24~28개, 옆줄 비늘은 55~63개이다. 몸은 타원형으로 매우 측편되어 있다. 주둥이는 짧고 뭉툭하며 아래쪽으로 입이 열린다. 등지느러미와 뒷지느러미 기저 길이는 길다. 꼬리지느러미의 중앙은 안쪽으로 패여 있다. 비늘은 둥근 비늘로 탈락되기 쉬우며 피부는 얇다. 체색은 청색을 띤 은백색이다. 아가미뚜껑 위에 흑색 반점이 있다. 서식 수심은 0~370m이다. 한국 남해, 서해 일본 남부해, 동중국해 등에 분포한다. 산란기는 4~8월이며 최대 크기는 30cm이다. 어릴 때는 해파리, 동물플랑크톤 등을 주로 먹으며 성장하면 젓새우, 갯지렁이, 작은 새우 등을 먹는다. 회, 탕 또는 말려서 구이로 이용한다.

동강연치 *Cubiceps squamiceps* (Lloyd, 1909)

자산어보에는 기록이 없는 종으로, 본종은 열대~아열대 해역에 서식하는 특성상 최근 기후변화로 인해 흑산도 해역에서 출현한 것 같다.

新자산어보에서 이 종은 농어목(Perciformes), 노메치과(Nomeidae)에 속한다. 등지느러미는 2개로 가깝게 위치하며 제1등지느러미는 가시 11개, 제2등지느러미는 가시 1개, 줄기 19~21개로 구성된다. 뒷지느러미는 가시 3개, 줄기 18~19개, 가슴지느러미는 줄기 19개, 옆줄 비늘은 55~59개이다. 몸은 계란형에 가깝고 횡단면은 약간 측편되어 있다. 주둥이는 짧고 둥글다. 배지느러미는 가슴지느러미 기저 아래에서 시작된다. 가슴지느러미는 비교적 커서 두장과 거의 같다. 몸은 전체적으로 암갈색을 띠며 복부만 밝은 색을 띤다. 수심 235~650m의 다소 깊은 곳에 서식하며 주로 450m 이심에서 서식한다. 어린 시기에는 얕은 곳에 머물다가 성장하면서 깊은 곳으로 이동하며 북서태평양(한국, 중국, 일본, 대만)에 분포한다. 11월 전후에 산란한다. 최대 크기는 21cm로 주로 해파리, 산호 등을 먹는다. 최근 연구에 따르면 본종은 Cubiceps whiteleggii의 동종이명으로 처리된 바 있다.

병어 *Pampus argenteus* (Euphrasen, 1788)

자산어보에는 '병어'로 표기되어 있고, 그 설명으로 "큰 놈은 2자 정도이다. 머리가 작고 목덜미가 움츠러들고 꼬리가 짧으며 등이 튀어나오고 배도 튀어나와 그 모양이 사방으로 뾰족하여 길이와 높이가 거의 비슷하다. 입이 매우 작고 창백하며 단맛이 난다. 뼈가 연하여 회나 구이 및 국에도 좋다."라고 하였다.

新자산어보에서 이 종은 농어목(Perciformes), 병어과(Stromateidae)에 속한다. 등지느러미 가시는 7~8개, 줄기는 40~46개, 뒷지느러미 가시는 5~7개, 줄기는 38~44개이다. 몸은 마름모형으로 매우 측편되어 있다. 눈은 머리의 중앙에 위치한다. 주둥이는 짧고 뭉툭하며 입은 매우 작다. 후두부에는 물결무늬가 옆줄을 따라 가슴지느러미 기부보다 뒤까지 이어진다. 등지느러미와 뒷지느러미는 전반부가 낫 모양이다. 배지느러미는 없다. 꼬리지느러미의 중앙은 안쪽으로 길게 패여 있다. 체색은 청색을 띤 은백색이다. 대륙붕의 모래 또는 펄바닥의 저층에 서식한다. 한국 서해, 남해, 일본 중부이남, 동중국해, 인도양에 분포한다. 산란기는 5~8월로 수심 10~20m인 곳에 산란한다. 최대 크기는 60cm이다. 젓새우를 선호하며 주로 동물성 플랑크톤을 먹는다. 회, 찜, 탕, 구이로 이용된다.

덕대 *Pampus echinogaster* (Basilewsky, 1855)

자산어보에는 '병어'로 표기되어 있고, 그 설명으로 "큰 놈은 2자 정도이다. 머리가 작고 목덜미가 움츠러들고 꼬리가 짧으며 등이 튀어나오고 배도 튀어나와 그 모양이 사방으로 뾰죽하여 길이와 높이가 거의 비슷하다. 입이 매우 작고 창백하며 단맛이 난다. 뼈가 연하여 회나 구이 및 국에도 좋다."라고 하였다.

新자산어보에서 이 종은 농어목(Perciformes), 병어과(Stromateidae)에 속한다. 등지느러미 가시는 8~10개, 줄기는 45~49개, 뒷지느러미 가시는 5~7개, 줄기는 42~47개, 척추뼈는 39~41개이다. 몸은 마름모형으로 매우 측편되어 있다. 눈은 머리의 중앙에 위치한다. 주둥이는 짧고 뭉툭하며 입은 매우 작다. 후두부에는 물결무늬가 가슴지느러미 위까지 이르지 않는다. 등지느러미와 뒷지느러미는 전반부가 낫 모양이다. 배지느러미는 없다. 꼬리지느러미의 중앙은 안쪽으로 길게 패여 있다. 체색은 청색을 띤 은백색이다. 대륙붕대의 모래 및 펄 바닥에 서식한다. 제주도 서남부 해역에 겨울철에 월동하며 봄이 되면 북쪽으로 이동하여 산란, 서식하고 가을이 되면 다시 남쪽으로 이동한다. 한국 남해, 서해, 동중국해에 서식한다. 산란기는 5~7월이다. 최대 크기는 60cm이다. 젓새우, 갯지렁이, 동물성플랑크톤을 먹는다. 회, 찜, 탕, 구이 등으로 이용한다. 흑산도 방언은 '덕자' 이다.

넙치 *Paralichthys olivaceus* (Temminck and Schlegel, 1846)

자산어보에는 '넙치가자미'로 표기되어 있고, 그 설명으로 "큰 놈은 길이가 4~5자, 넓이가 2자 정도이다. 몸은 넓고 엷으며 두 눈은 몸의 왼쪽에 치우쳐 있고, 입은 가로로 찢어졌으며 꽁무니는 입 아래 있다. 등은 검고 배는 희며 비늘은 매우 잘다. 맛은 달고 텁텁하다." 라고 하였다.

新자산어보에서 이 종은 가자미목(Pleuronectiformes), 넙치과(Paralichthyidae)에 속한다. 등지느러미 줄기는 77~81개, 뒷지느러미 줄기는 59~61개, 가슴지느러미 줄기는 12~13개, 옆줄 비늘은 107~120개, 척추뼈는 38개이다. 몸은 긴 타원형으로 측편되어 있다. 눈이 왼쪽으로 모여 있다. 입은 매우 큰 편이다. 양턱의 이빨은 1열의 송곳니로 되어 있다. 양측의 배지느러미는 대칭적이다. 체색은 눈이 있는 쪽은 흑갈색 또는 암갈색 바탕으로 백색 작은 둥근 반점이 산재한다. 눈이 없는 쪽은 희다. 수심 10~200m에 서식한다. 겨울철 흑산도 서쪽에서 월동하며 봄이 되면 북쪽 해역으로 이동하여 서해 연안에 분포하다가 가을에 남하하는 남북회유를 한다. 한국 전 연안, 일본, 발해, 동중국해 등에 분포한다. 산란기는 2~6월이다. 최대 크기는 103cm이다. 새우, 오징어, 조개, 작은 물고기 등을 먹는다. 회, 찜, 탕, 구이 등으로 이용한다. 흑산도 방언은 '광어' 이다.

별넙치 *Pseudorhombus cinnamoneus* (Temminck and Schlegel, 1846)

자산어보에는 기록이 없는 종으로, 본종은 열대~아열대 해역에 서식하는 특성상 최근 기후변화로 인해 흑산도 해역에서 출현한 것 같다.

新자산어보에서 이 종은 가자미목(Pleuronectiformes), 넙치과(Paralichthyidae)에 속한다. 등지느러미 줄기는 80~85개, 뒷지느러미 줄기는 61~67개, 가슴지느러미 줄기는 11~13개, 옆줄 비늘은 75~85개, 척추뼈는 37~39개이다. 몸은 긴 타원형으로 측편되어 있다. 눈이 왼쪽으로 모여 있다. 입은 큰 편이다. 양턱의 이빨은 작다. 체색은 눈이 있는 쪽은 황갈색이며 눈이 없는 쪽은 희다. 등지느러미와 뒷지느러미 뒤쪽으로 각각 1개의 흑색 반점이 있다. 수심 20~164m에 서식한다. 한국 남해, 일본, 필리핀 등에서 분포한다. 최대 크기는 35cm이다. 작은 새우와 물고기를 먹는다.

물가자미 *Eopsetta grigorjewi* (Herzenstein, 1890)

자산어보에는 '가자미'로 표기되어 있고, 그 설명으로 "큰 놈은 2자 정도이고, 모양은 광어를 닮았으나 더 넓고 두터우며 등에는 점이 흩어져 있다. 점이 없는 놈도 있다."라고 하였다.

新자산어보에서 이 종은 가자미목(Pleuronectiformes), 가자미과(Pleuronectidae)에 속한다. 등지느러미 줄기는 81~94개, 뒷지느러미 줄기는 61~78개, 가슴지느러미 줄기는 10~14개, 배지느러미 줄기는 6개, 옆줄 비늘은 86~92개이다. 몸은 긴 타원형으로 측편되어 있다. 눈이 오른쪽으로 모여 있다. 위턱의 뒤끝은 눈의 중앙에 이른다. 눈이 있는 쪽은 빗비늘이며 눈이 없는 쪽은 둥근 비늘이다. 체색은 눈이 있는 쪽은 담갈색 바탕에 불규칙한 작은 흑갈색 반점이 옆줄을 경계로 3쌍이 있다. 눈이 없는 쪽은 백색이다. 수심 200m 이내의 모래와 펄 바닥에 서식한다. 여름에 서해안 백령도 및 중국 산동반동에 분포하다가 가을에 남하하여 제주도 서쪽에서 월동하는 어군이 있으며, 대마도 서쪽에서 발생된 어군은 가을~겨울에 제주도 동남쪽에 서식하다가 봄~여름에 대마도 서쪽으로 북상하고 일부는 동해로 이동한다. 한국 전 연안, 일본, 발해, 동중국해, 대만 등에 분포한다. 산란기는 1~6월이다. 최대 크기는 60cm이며 새우, 게, 오징어, 물고기를 먹는다. 회, 찜, 탕, 구이 등으로 먹는다.

문치가자미 *Pleuronectes yokohamae* (Günther, 1877)

자산어보에는 '가자미'로 표기되어 있고, 그 설명으로 "큰 놈은 2자 정도이고, 모양은 광어를 닮았으나 더 넓고 두터우며 등에는 점이 흩어져 있다. 점이 없는 놈도 있다."라고 하였다.

新자산어보에서 이 종은 가자미목(Pleuronectiformes), 가자미과(Pleuronectidae)에 속한다. 등지느러미 줄기는 61~73개, 뒷지느러미 줄기는 48~62개, 가슴지느러미 줄기는 10~12개, 배지느러미 줄기는 6개, 옆줄 비늘은 74~90개이다. 몸은 긴 타원형으로 측편되어 있다. 눈이 오른쪽으로 모여 있으며 두 눈 사이는 돌출해 있다. 입은 작고 위턱의 뒤끝은 아래 눈의 앞가장자리에 이른다. 체색은 눈이 있는 쪽은 갈색 또는 황갈색 바탕에 부정형의 암색 반점이 많다. 눈이 없는 쪽은 백색이다. 연안의 모래와 펄 바닥에 산다. 한국 전 연안, 일본 북해도, 발해, 동중국해 등에 분포한다. 산란기는 12~2월이다. 최대 크기는 45cm이며 갯지렁이, 새우, 조개 등을 먹는다. 회, 찜, 탕, 구이로 먹는다. 남해안에서 '봄도다리'라 불린다.

찰가자미 *Microstomus achne* (Jordan and Starks, 1904)

자산어보에는 '가자미'로 표기되어 있고, 그 설명으로 "큰 놈은 2자 정도이고, 모양은 광어를 닮았으나 더 넓고 두터우며 등에는 점이 흩어져 있다. 점이 없는 놈도 있다."라고 하였다.

新자산어보에서 이 종은 가자미목(Pleuronectiformes), 가자미과(Pleuronectidae)에 속한다. 등지느러미 줄기는 61~73개, 뒷지느러미 줄기는 48~62개, 가슴지느러미 줄기는 10~12개, 배지느러미 줄기는 6개, 옆줄 비늘은 74~90개이다. 몸은 긴 타원형으로 측편되어 있다. 눈이 오른쪽으로 모여 있으며 두 눈 사이는 돌출해 있다. 입은 작고 위턱의 뒤끝은 아랫 눈의 앞가장자리에 이른다. 체색은 눈이 있는 쪽은 갈색 또는 황갈색 바탕에 부정형의 암색 반점이 많다. 눈이 없는 쪽은 백색이다. 수심 20~610m에 서식한다. 서해안은 가을~겨울 황해, 발해의 연안에서 남쪽으로 이동하며 황해 중앙과 남부에서 월동하고 다시 북상한다. 6~8월경 일부가 서해안 백령도로 이동한다. 한국 전 연안, 일본 서해, 발해, 황해, 동중국해 등에 분포한다. 산란기는 3~4월이다. 최대 크기는 60cm로 갯지렁이, 새우 등을 먹는다. 회, 찜, 탕, 구이로 먹는다.

노랑각시서대 *Zebrias fasciatus* (Basilewsky, 1855)

자산어보에는 '투수매'로 표기되어 있고, 그 설명으로 "왜가자미를 닮아 꼬리 위에 한 덩어리의 금비늘이 있다."라고 하였다.

新자산어보에서 이 종은 가자미목(Pleuronectiformes), 납서대과(Soleidae)에 속한다. 등지느러미 줄기는 78~90개, 뒷지느러미 줄기는 70~78개, 가슴지느러미 줄기는 7~9개, 배지느러미 줄기는 4개, 꼬리지느러미 줄기는 15~18개, 옆줄 비늘은 107~123개, 척추뼈는 51~52개이다. 몸은 긴 타원형이다. 머리는 작다. 눈은 몸의 오른쪽에 있으며 매우 작고 서로 접근해 있다. 체색은 황갈색 바탕에 암갈색 가로띠가 다수 나타난다. 등지느러미와 뒷지느러미 가장자리는 검으며 꼬리지느러미는 검은색 바탕에 작은 황색 반점이 불규칙하게 나있다. 수심 8~100m 이내의 모래와 진흙 바닥에 산다. 한국 서해, 남해, 발해, 황해, 동중국해 등에 분포한다. 최대크기는 25cm이며 산란기는 5~6월로 새우, 갯지렁이 등을 먹는다. 회, 찜, 구이 등으로 먹는다.

참서대 *Cynoglossus joyneri* (Günther, 1878)

자산어보에는 '혜대어'로 표기되어 있고, 그 설명으로 "몸은 좁고 길며 짙은 맛이 있다. 모양은 마치 가죽신 바닥과 비슷하다."라고 하였다.

新자산어보에서 이 종은 가자미목(Pleuronectiformes), 참서대과(Cynoglossidae)에 속한다. 등지느러미 줄기는 99~112개, 뒷지느러미 줄기는 80~89개, 배지느러미 줄기는 4개, 꼬리지느러미 줄기는 10개, 옆줄 비늘은 62~76개, 척추뼈는 50~54개이다. 몸은 긴 타원형이다. 작은 눈은 왼쪽에 모여 있다. 입은 낚시모양이다. 등지느러미와 뒷지느러미는 꼬리지느러미와 하나로 연결되어 있다. 가슴지느러미는 없다. 체장 1.6cm에서 오른쪽 눈이 왼쪽으로 이동하기 시작하고 이후 저서생활로 바뀐다. 눈이 있는 쪽은 3개의 옆줄이 등 쪽, 중앙, 배 쪽에 있다. 체색은 눈이 있는 쪽은 담갈색 또는 적갈색이며 눈이 없는 쪽은 희다. 모든 지느러미는 담갈색이다. 수심 20~70m의 모래와 펄이 섞인 바닥에서 산다. 한국 서해, 남해, 일본 남부해, 황해, 동중국해 등에 분포한다. 최대 크기는 24cm이다. 산란기는 6~7월이며 동물성플랑크톤, 작은 새우, 조개 등을 먹는다. 회, 찜, 구이 등으로 먹는다. 흑산도 방언은 '서대' 이다.

개서대 *Cynoglossus robustus* (Günther, 1873)

자산어보에는 '혜대어'로 표기되어 있고, 그 설명으로 "몸은 좁고 길며 짙은 맛이 있다. 모양은 마치 가죽신 바닥과 비슷하다."라고 하였다.

新자산어보에서 이 종은 가자미목(Pleuronectiformes), 참서대과(Cynoglossidae)에 속한다. 등지느러미 줄기는 122~138개, 뒷지느러미 줄기는 93~107개, 배지느러미 줄기는 4개, 꼬리지느러미 줄기는 10개, 옆줄 비늘은 63~73개, 척추뼈는 59~64개이다. 몸은 긴 타원형이다. 작은 눈은 왼쪽에 모여 있다. 입은 낚시모양이다. 등지느러미와 뒷지느러미는 꼬리지느러미와 하나로 연결되어 있다. 가슴지느러미는 없다. 눈이 있는 쪽은 2개의 옆줄이 등쪽과 몸의 중앙에 있다. 체색은 눈이 있는 쪽은 담갈색 또는 적갈색이며 눈이 없는 쪽은 희다. 모든 지느러미는 담갈색이다. 수심 20~115m의 모래 갯펄의 바닥에서 산다. 겨울철에 제주도 서쪽과 남쪽에서 월동하고 봄이 되면 연안으로 이동해 온다. 한국 서해, 남해, 일본 남부해, 황해, 동중국해 등에 분포한다. 산란기는 6~8월이다. 최대 크기는 40cm이며 갯지렁이, 작은 새우 등을 먹는다. 회, 찜, 구이 등으로 먹는다. 흑산도 방언은 '서대'이다.

복섬 *Takifugu niphobles* (Jordan and Snyder, 1901)

자산어보에는 '졸복'으로 표기되어 있고, 그 설명으로 "몸이 매우 작다. 큰놈은 6~7치에 불과하다. 대체로 육지에서 가까운 바다에 서식하는 복어는 곡우가 지난 후 냇물을 따라 수백 리를 거슬러 올라가 알을 낳는다."라고 하였다.

新자산어보에서 이 종은 복어목(Tetraodontiformes), 참복과(Tetraodontidae)에 속한다. 등지느러미 줄기는 12~14개, 뒷지느러미 줄기는 10~12개, 가슴지느러미 줄기는 13~17개, 척추뼈는 19~22개이다. 몸은 계란형으로 짧다. 입은 매우 작고 이빨은 새의 부리와 같다. 등과 배에는 잔가시가 많다. 등지느러미와 뒷지느러미는 대칭적이다. 배지느러미는 없다. 체색은 등 쪽은 암녹색 바탕에 작은 흰점이 많이 흩어져 있다. 배 쪽은 흰색이다. 가슴지느러미 위쪽에 큰 검은 반점이 있다. 표층성 물고기로 연안 및 강 하구에 서식하며 때로는 하천을 따라 올라오나 오래 머물지 않는다. 한국 전 연안, 일본 중부 이남, 중국, 대만 등에 분포한다. 산란기는 5~8월이다. 복어 중 가장 작은 종으로 최대 크기는 15cm이다. 탐식성이 강하며 밤이 되면 모래 속으로 들어가 자는 습성이 있다. 새우, 갯지렁이를 먹으며 복국 등으로 이용된다. 난소, 간, 피부에 맹독을 가지므로 주의가 필요하다.

졸복 *Takifugu pardalis* (Temminck and Schlegel, 1850)

자산어보에는 '밀복'으로 표기되어 있고, 그 설명으로 "몸이 작고 회색바탕에 검은 무늬가 있으며 미끄럽다."라고 하였다.

新자산어보에서 이 종은 복어목(Tetraodontiformes), 참복과(Tetraodontidae)에 속한다. 등지느러미 줄기는 11~14개, 뒷지느러미 줄기는 9~12개, 가슴지느러미 줄기는 15~18개, 척추뼈는 21~25개이다. 몸은 계란형으로 짧다. 입은 매우 작고 이빨은 새의 부리 모양이다. 피부에는 오톨도톨한 좁쌀 같은 돌기가 나 있다. 등지느러미와 뒷지느러미는 대칭적으로 위치한다. 배지느러미는 없다. 꼬리지느러미 뒤끝은 둥글다. 체색은 황갈색 바탕에 불규칙한 흑갈색 반점이 있다. 주로 바닥이 암초인 저층에 서식한다. 봄이면 연안 또는 내만으로 산란하러 이동하고 가을이면 깊은 곳으로 이동한다. 한국 전 연안, 일본 북해도 이남, 황해, 동중국해 등에 분포한다. 산란기는 2~3월이다. 최대 크기는 30cm이다. 복국 등으로 이용된다. 난소, 간에 강한 맹독과 피부에 강독을 가지므로 주의가 필요하다. 살에는 독이 없다. 흑산도 방언은 '노랑복' 이다.

흰점참복 *Takifugu pseudommus* (Chu, 1935)

자산어보에는 '검복'으로 표기되어 있고, 그 설명으로 "큰 놈은 2~3자 정도 되고 몸은 둥글며 짧다. 입은 작고 이빨은 고르며 아주 단단하다. 성이 나면 배가 부풀어 오르고 이빨을 바득바득 가는 소리가 난다. 껍질이 단단하여 기물을 상하게 한다."라고 하였다.

新자산어보에서 이 종은 복어목(Tetraodontiformes), 참복과(Tetraodontidae)에 속한다. 등지느러미 줄기는 16~18개, 뒷지느러미 줄기는 13~15개, 가슴지느러미 줄기는 16~18개이다. 몸은 계란형으로 다소 길고 꼬리자루는 가늘다. 입은 매우 작고 이빨은 새의 부리 모양이다. 등과 배에는 잔가시가 많다. 등지느러미와 뒷지느러미는 대칭적으로 위치한다. 배지느러미는 없다. 꼬리지느러미 뒤끝은 둥글다. 체색은 등쪽은 흑색바탕에 작은 다수의 흰색 반점이 있다. 배 쪽은 희다. 가슴지느러미 위로 등근 큰 흑색 반점이 1개 있다. 모든 지느러미는 어둡다. 한국 서해, 남해, 동중국해 등에 분포한다. 최대 크기는 35cm이며 복국 등에 이용된다. 난소, 간, 피부에 독이 있으나 정소와 근육에는 독이 없다.

참복 *Takifugu chinensis* (Abe, 1949)

자산어보에는 '검복'으로 표기되어 있고, 그 설명으로 "큰 놈은 2~3자 정도 되고 몸은 둥글며 짧다. 입은 작고 이빨은 고르며 아주 단단하다. 성이 나면 배가 부풀어 오르고 이빨을 바득바득 가는 소리가 난다. 껍질이 단단하여 기물을 상하게 한다."라고 하였다.

新자산어보에서 이 종은 복어목(Tetraodontiformes) 참복과(Tetraodontidae)에 속한다. 등지느러미 줄기는 16~18개, 뒷지느러미 줄기는 14~15개, 가슴지느러미 줄기는 17~18개, 꼬리지느러미 줄기는 11개이다. 몸은 계란형으로 다소 길며 몸의 횡단면은 원통형이다. 눈은 작다. 입은 머리의 앞끝에 위치한다. 양턱에는 강한 이빨이 있고 마치 새의 부리 같다. 등지느러미는 1개로 몸의 약간 뒤쪽에 위치한다. 꼬리지느러미는 약간 둥글다. 몸의 등 쪽과 배 쪽에만 잔가시가 나 있고 옆쪽은 매끈하다. 몸의 등 쪽은 검고 배 쪽은 희다. 가슴지느러미 바로 뒤에 흰색 테두리의 검은색 둥근 반점이 1개 있다. 뒷지느러미는 검다. 본종은 9~10월경 북상했다가 12~2월경 제주도까지 남하한다. 한국, 중국, 일본에 분포하며, 4~5월경 산란한다. 몸의 최대 크기는 55cm이다. 복국, 회 등으로 이용된다. 근육과 피부에는 독이 없지만 난소, 간, 내장에는 맹독(테트로도톡신)이 있다. 복어는 숙취 해소에 좋다. 흑산도 방언은 '검복' 이다.

자주복 *Takifugu rubripes* (Temminck and Schlegel, 1850)

자산어보에는 '검복'으로 표기되어 있고, 그 설명으로 "큰 놈은 2~3자 정도 되고 몸은 둥글며 짧다. 입은 작고 이빨은 고르며 아주 단단하다. 성이 나면 배가 부풀어 오르고 이빨을 바득바득 가는 소리가 난다. 껍질이 단단하여 기물을 상하게 한다."라고 하였다.

新자산어보에서 이 종은 복어목(Tetraodontiformes), 참복과(Tetraodontidae)에 속한다. 등지느러미 줄기는 17~18개, 뒷지느러미 줄기는 13~15개, 가슴지느러미 줄기는 16~18개, 꼬리지느러미 줄기는 11개이다. 몸은 계란형으로 횡단면은 원통형이다. 눈은 작다. 입은 머리의 선단부에 위치한다. 양턱에는 새의 부리처럼 생긴 날카로운 이빨이 있다. 등지느러미는 1개로 몸의 뒤쪽에 위치한다. 등 쪽 피부에는 잔가시가 양 눈 사이부터 등지느러미 시작 지점까지 나 있고, 배 쪽에는 콧구멍 아래부터 항문 앞까지 나 있다. 나머지 부위에는 잔가시가 없다. 몸의 등 쪽은 검고 배 쪽은 희다. 가슴지느러미 바로 뒤쪽에 흰 테두리를 가진 1개의 큰 검은색 둥근 반점이 있고, 그 뒤쪽으로 구름 모양의 검은색 반점이 나 있다. 뒷지느러미는 희다. 약간 깊은 바다의 저층에 서식하며 여름에는 한국 서해로, 9~10월경에는 서해 중부까지 북상했다가 12월경 제주도까지 남하한다. 북서태평양(한국, 중국, 일본)에 분포한다. 3~5월경 산란하며 몸의 최대 크기는 80cm 정도이다. 횟감, 복국 등으로 이용된다. 근육과 피부에는 독성이 없지만 난소, 간, 내장에는 강한 독성이 있다. 자주복은 복어 종류 중 최고급 어종으로 최근 양식되고 있다. 흑산도 방언은 '검복' 이다.

제4장

200년의 시간 -과거, 현재 그리고 미래

1. 19세기와 21세기 자산어보

1.1 자산어보에 기록되지 않은 생물 - 플랑크톤

200년 전 정약전은 자산어보에 어류를 위주로 하여 유용하게 사용 가능한 여러 수산생물에 대하여 이름과 생태, 그리고 이용방법 등에 대해 기술하였다. 그 당시에는 현미경이 우리나라에 수입되지 않았고 따라서 플랑크톤을 관찰하기는 힘들었을 것이다.

조선시대의 플랑크톤에 대한 기록은 1403년 진해만과 남해안 일대에서 바닷물이 노란색, 검은색, 붉은색으로 변하고 물고기가 떼죽음을 당했으며 1412년과 1423년 이와 비슷한 현상에 대한 기록과, 1428년에는 마산 앞바다가 붉게 변하고 물고기가 죽었다는 기록을 '조선왕조실록'을 통해 알 수 있다.

이 기록은 우리가 익히 알고 있는 적조의 현상과 비슷하며, 이는 플랑크톤의 대량발생이 원인이다. 그러나 당시에는 이것이 플랑크톤에 의한 자연현상이라는 것을 전혀 알 수 없었을 것이다.

우리나라에서는 1866년(고종 3년)에 실학자 최한기 선생이 저술한 동서의학을 집성하여 편찬한 '신기천험(身機踐驗)'에서 현미경이 처음 소개되었다. 이 후 부유생물에 대한 연구가 체계적으로 이루어지기 시작한 것은 일제 강점기인 1930년대부터라고 할 수 있을 것이다.

그 당시에는 주로 일본학자들에 의해 연구가 수행되었으며, 해방 후 우리나라 학자에 의한 부유생물 연구는 1956년 박태수 박사가 대한해협에서 흑산도를 잇는 해역에서 10여 종의 동물플랑크톤 분포 특성을 연구하는 것이 처음이라고 할 수 있다.

서양에서는 16세기 말부터 현미경이 개발되어 플랑크톤을 포함한 미생물에 대한 관찰과 소개가 꾸준히 이어져 온 것과 비교해보면 큰 시간적 차이를 보인다고 할 수 있을 것이다. 서양에서는 자산어보가 서술된 19세기 초부터 플랑크톤을 종 수준에서 정확히 기재하고 분류학적 체계를 세우는 연구가 시작되었으며, 영국에서는 챌린저 탐험(1872~1876)년을 통해 전 세계의 플랑크톤을 채집하여 연구하기도 하였다.

독일의 생물학자인 빅터 한센은 1886년 부유생물(플랑크톤)을 "수중에 자유롭게 떠다니면서 물의 이동에 따라 생활하는 생명체"라고 학문적 정의를 내린 바 있다.

1세기 무렵 넓은 의미에서 현미경이라 할 수 있는 돋보기를 시작으로 1590년경 네덜란드인이었던 얀센 부자에 의해 2개의 렌즈로 구성된 망원경 모양의 광학현미경이 처음으로 발명되었다. 이후 광학현미경의 아버지라 알려진 레벤호크(1632~1723)에 의해 획기적으로 현미경이 발전하기에 이른다.

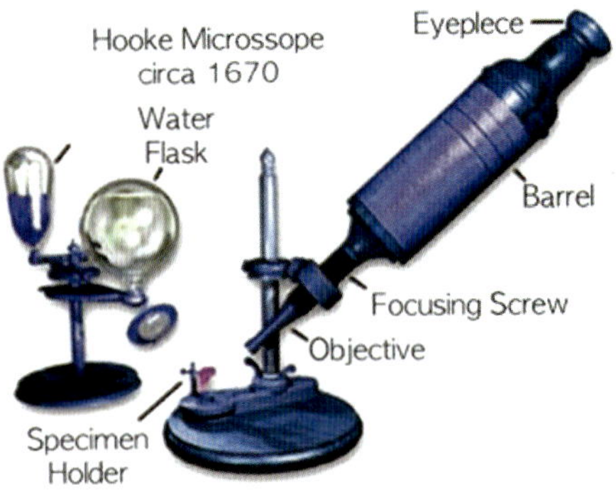

1665년 로버트 후크에의해 처음으로 세포가 관찰 되었으며, 이때 사용되었던 현미경은 램프로 불을 켠 후 일차적으로 물을 넣는 둥근 플라스크로 빛을 모아 2차적으로 볼록렌즈에 빛을 모아 시료대에 비추는 일종의 집적식 렌즈의 개념을 최초로 도입한 현미경이었다.

「자산어보와 21세기」 中

자산어보에서 유일하게 알 수 있는 플랑크톤의 기록은 200년 전 해팔어이며 현재의 노무라입깃해파리로 추정되는 생물이다. 이 또한 당시에는 플랑크톤, 즉 부유생물이라고 분류되지는 못하였다. 단지 무린류에 속하는 하나의 생물이었을 뿐이다. 현대의 분류방법으로는 자포동물문 해파리강 해파리 목에 속하며, 이 분류군에 속하는 해파리는 대략 31종 정도인 것으로 알려져 있다. 노무라입깃해파리로 추정되는 자산어보의 해팔어에 대한 설명을 살펴보자.

큰 놈은 5~6자이다. 넓이도 길이와 같아, 머리와 꼬리가 없고 얼굴도 눈도 없다. 몸은 연하게 엉켜 수와 같고, 모양은 중이 삿갓을 쓴 것과 같으며, 허리에는 치마를 달아 그 발에 걸쳐 가지고 헤엄친다.

전진할 때에는 무르녹을 듯이 나약하여 우산 같고 밖으로 처진 듯이 헤엄친다. 그 성질과 빛깔이 흡사 우무가사리와 같다. 도미가 이것을 만나면 두부처럼 빨아버린다. 조수를 따라 항구로 들어왔다가 조수가 밀려나가면 밑바닥에 늘어붙어 움직이지 못하고 죽는다.

이 내용에서 형태 묘사와 색깔 묘사를 통해 현대의 노무라입깃해파리로 추정하고 있는 것이다. 전진할 때 나약하다는 점, 조수에 의해 항구로 들어온다는 점은 정약전은 생각하지 못하였겠지만 운동성이 적어 해류에 의해 움직이는 플랑크톤의 일반적인 특징인 것이다.

노무라입깃해파리

그렇지만 우리나라에서 자산어보가 서술되기 훨씬 전부터 부유생물을 이용하여 식생활에 활용한 것이 있으니 그것이 바로 새우젓이다. 새우젓을 담그는 주 원료는 젓새우(Acetes japonicus)나 곤쟁이류(Mysid)로 이종들은 우리나라 서 · 남해안에 많이 서식하는 동물플랑크톤이다. 새우젓을 언제부터 우리 민족이 담가 먹었는지는 정확하게 알 수 없지만 세종실록에는 새우젓을 진상품으로 이용했다는 기록이 있으며, 조선 전기부터 많은 문헌에서 새우젓과 관련한 기록들이 있는 것으로 보면, 우리 민족이 동물플랑크톤을 식용으로 이용한 것은 상당히 오랜 역사를 가진 것으로 여겨진다. 자산어보의 주 무대인 흑산도는 서해 외해에 위치한 섬으로 젓새우나 곤쟁이류가 많이 잡히는 서해 연안과 떨어져 있다 보니 정약전 선생이 새우젓의 주 원료인 젓새우나 곤쟁이와 같은 동물플랑크톤을 기록하지 않은 것으로 여겨진다.

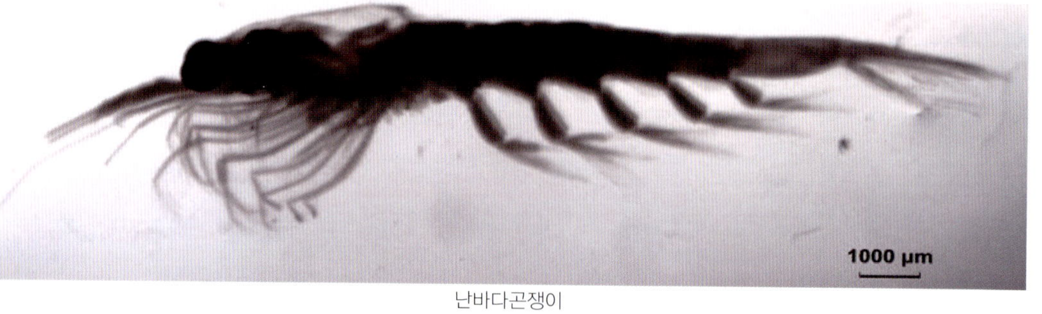

난바다곤쟁이

부유생물은 해양생태계에서 먹이망을 구성하는 가장 기본적인 생물로 사람들이 주로 이용하는 수산생물의 생산력을 결정하는 가장 중요한 먹이생물로 잘 알려져 있다. 최근에는 기후 변화와 관련해 대기 중 이산화탄소 농도를 조절하는 요인으로 식물플랑크톤의 역할이 주목받고 있을 뿐만 아니라, 다양한 기능성 신물질 및 신약의 원료로 각광을 받고 있다. 이번 연구를 통해 흑산도에 서식하고 있는 부유생물은 약 200여 종 정도로 보고되었으나, 이러한 결과는 현미경을 이용한 형태학적 연구의 결과일 뿐이다. 지금도 빠르게 발전하고 있는 분자생물학적 분석기술을 접목한다면 더욱 다양한 부유생물이 흑산도 해역에 서식하고 있음이 밝혀질 것이며 그 중에는 우리 후손들이 값지게 활용할 수 있는 경제, 산업적으로 중요한 원천 소재들이 많이 포함될 수 있을 것으로 기대해 본다.

1.2 19세기와 21세기의 저서생물과 어류

1814년 정약전이 편찬한 우리나라 최초의 해양생물 서적인「자산어보(玆山魚譜)」는 흑산도 주변 해역에서 서식했던 어류 명칭(방언 및 한자명), 형태, 생태 및 이용이 기술되어 있다. 정약전은 자산어보를 통해서 과거 흑산도 해양생물에 대한 후세 학자들의 물음에 답하고 싶어 했으나, 몇 가지 문제점(한자, 방언 등)으로 인해 자산어보는 편찬 후, 약 170년(정문기, 1977)이 지난 다음에 국문으로 세상에 공개되었다. 정약전의 자산어보는 현재 사용되고 있는 생물 분류체계와는 다른 분류체계를 사용하였다. 정약전은 자산어보에서 비늘을 가진 어류를 인류(Scaled fish), 비늘을 가지지 않는 어류를 무린류(Scaless fish)로 분류하였다. 인류에는 개웃, 조긔어를 비롯하여 82개의 어명이, 무린류에는 홍어, 발급어를 포함한 30개의 어명이 수록되어 있으며, 이 외에 개류와 잡류로 분류하여 여러 저서생물을 포함하고 있다

1.2.1 저서생물

정약전 선생이 저술한 자산어보에서 무척추동물(이하 저서동물)과 식물(이하 해조류)을 포함하는 저서생물은 총 115종으로 고려할 수 있다. 이 가운데 저서동물은 81종이, 저서식물(해초류와 해조류)은 34종이 소개되고 있다. 이를 자산어보의 분류법으로 보면, 무린류에는 오적어(오징어)를 비롯하여 총 11종이, 개류에는 무해(민꽃게)와 복어(전복)를 포함하여 65종이, 잡류에는 해조(갯가톡톡벌레 또는 모래무지벌레)와 조(해조류) 등을 비롯한 39종이 소개되고 있다. 한편 자산어보에서 소개되는 81종의 저서동물 중에서는 혼용종과 중복종으로 설명이 가능한 종들이 다수 포함되어 있으나 이를 오늘날의 분류체계와 생물종으로 추정하여 종합하면 저서동물은 총 82종이 기술되는 것으로 볼 수 있어 전체 출현 종수는 116종으로 나타낼 수 있다. 즉, 무린류의 제충(음충)은 오늘날의 척삭동물에 해당하는 미더덕 또는 오만둥이로 추정이 가능하다. 반면 개류에는 농해와 화해가 농게의 암컷과 수컷으로, 소팽과 황소팽은 납작게와 풀게로, 해복합은 백합과 그 안에 살고 있는 속살이게(Pinnotheridae unid.) 등으로 각각 추정할 수 있다. 또한 세합은 떡조개 또는 동죽(Mactra quadrangularis)으로, 기폐는 키조개(Atrina pectinata) 또는 가리비류(Chlamys sp.)의 일종으로 그리고 풍엽어는 별불가사리 또는 아무르불가사리 등 2종으로 분리하여 고려할 수 있다. 반면, 담채와 적담채는 홍합으로, 모려, 홍려 및 석화는 공통적으로 굴로 표현할 수 있고, 이 밖에 잡류에서는 해조가 갯가톡톡벌레(Talitridae amphipod) 또는 등각류의 모래무지벌레(Excirolana chiltoni)로 각각 추정이 가능하다.

한편 여기에서는 자산어보에서 중복종 또는 혼용종으로 묘시되고 있는 일부 종에 대하여 간략히 소개하고자 한다.

1.2.1.1 제충(미더덕, *Styela clava* 또는 주름미더덕, *S. plicata*)

미더덕은 측성해초목(Pleurogona), 미더덕과(Styelidae)에 속하는 생물이다. 미더덕은 몸이 긴타원형으로 몸에 자루가 붙어 있어 이 자루를 이용하여 바위에 부착해 있다.

몸에는 입수공과 출수공이 앞쪽 끝에 있다. 입수공은 배쪽으로 약간 굽은 형태를 나타낸 반면, 출수공은 앞쪽을 향해 있다. 체색은 서식처의 환경에 따라 차이를 보이는 데 황갈색, 회갈색 및 등황색 등으로 다양하다. 어린 개체의 시기에는 동물플랑크톤의 형태로 해류를 따라 떠 다니다가 이후 서식기질에 붙어서 자라는 형태를 보인다. 미더덕은 탕, 찌개 및 찜류 등에 들어가서 독특한 향과 맛을 나타냄으로 식용으로 널리 이용되고 있다.

주름미더덕은 측성해초목(Pleurogona), 미더덕과(Styelidae)에 속하는 생물이다. 주름미더덕은 몸에 자루가 없고, 몸 표면에 돌기들이 많다. 주름미더덕은 서식기질에 부착하는 부분이 비교적 넓은 편이다. 체색은 엷은 회색 또는 황색을 나타내며, 모양, 크기, 서식처, 산란행동 및 부착시기 등이 미더덕과 매우 닮았다. 주름미더덕은 성장이 미더덕보다 빨라 서식공간에 대한 점유정도가 왕성하고, 맛은 미더덕과 비교해 진하지는 않지만 식감이 좋아 식용으로 이용된다. 주름미더덕은 주로 오만둥이라는 이름으로도 불린다.

자산어보(제충)	추정 가능생물	생태사진
1) 모양은 양경을 닮았다. 2) 물 밖으로 나와도 죽지 않는다. 3) 햇빛에 말리면 위축되어 빈주머니와 같이 된다. 4) 손으로 때리면 팽창한다. 5) 머리는 크고 꼬리는 흡입력이 있으며, 꼬리로 돌 위에 늘어붙을 수 있다. 6) 빛깔은 회색이다. 7) 전복을 잡는 사람이 때론 이것을 잡기도 한다.	측성해초목(Pleurogona) 미더덕과(Styelidae)	
1) 몸에서 즙을 내는데 털구멍에서 땀을 흘리듯 한다. 2) 가늘기가 실이나 머리칼 같으며 좌우로 비사한다.	미더덕(*Styela clava*)	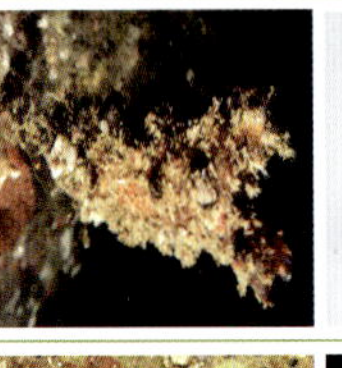 
1) 몸에서 즙을 내는데 털구멍에서 땀을 흘리듯 한다. 2) 빛깔은 옅은 황갈색, 회갈색 또는 노란색이다. 3) 모양이 호두를 닮았다.	주름미더덕 (*Styela plicata*)	 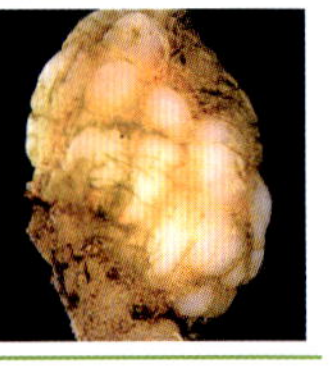

1.2.1.2 기폐(키조개, *Atrina pectinata* 또는 가리비류, *Chlamys* sp.)

키조개는 익각목(Pterioda), 키조개과(Pinnidae)에 속하는 수산자원생물이다. 키조개의 패각은 삼각형으로 농사용 도구인 키를 매우 닮아 그 명칭이 유래하였다. 키조개의 체색은 반투명한 갈색이며, 안쪽면은 검은색으로 진주광택이 난다. 패각은 비교적 얇아서 잘 부서지며, 표피에 성장맥과 방사늑이 있다. 키조개의 서식처는 내만의 조간대에서 수심 5~50m 이내의 펄퇴적물이다. 개체는 15~20일간의 부유유생기를 거친 후 족사를 내어 부착생활을 하며, 부착 이후 1~2개월이 경과하면 패각의 뾰쪽한 부분을 펄에 파 묻고 산다. 키조개는 구이, 무침, 회, 죽 및 탕 등 식용으로 쓰임새가 매우 다양하며, 패주라는 관자는 특히 인기가 좋다. 키조개는 머구리라는 잠수부가 물 속에 들어가 직접 채집하는 것이 일반적이다.

가리비류는 굴목(Ostreoida), 가리비과(Pectinidae)에 속하는 수산자원생물이다. 가리비류는 패각이 부채모양이며, 표면은 밋밋하거나 또는 곡선, 비늘 및 혹모양을 하는 등 매우 다양하다. 체색은 붉은색, 보라색, 오렌지색, 노란색 및 흰색 등으로 비교적 다양하고, 아래쪽의 패각이 위쪽의 패각보다 밝은색이다. 가리비류는 족사를 내어 서식 기질에 부착하여 사는 종과 모래바닥에서 자유유영생활을 하는 종으로 구분된다. 가리비류는 이동할 때 패각을 서로 마주쳐서 물을 제트 엔진처럼 분사하여 앞으로 나간다. 가리비류는 구이, 찜, 탕 및 죽 등으로 이용되며, 고급식품으로 인기가 좋다.

자산어보(기폐)	추정 가능생물	생태사진
1) 큰 놈은 지름이 대여섯 치 정도이고, 모양이 키와 같아서 편평하고 넓으며 두껍지 않다. 2) 실과 같은 세로무늬가 있다.	키조개 (*Atrina pectinata*)	
1) 빛깔은 붉고 털이 있다. 2) 돌에 붙어 있으나 곧잘 떨어져 헤엄쳐 간다. 3) 맛이 달고 산뜻하다.	가리비류 (*Chlamys* sp.)	

1.2.1.3 개부전(별불가사리, *Patiria pectinifera* 또는 아무르불가사리, *Asterias amurensis*)

별불가사리는 연변목(Valvatida), 별불가사리과(Asterinidae)에 속하는 생물이다. 별불가사리의 다리는 5개가 있으며, 4~9개까지 다양하고 끝은 뾰쪽하다. 몸은 별 모양을 하고 있으며, 등은 약간 둥글고 배는 편평하다. 체색은 개체마다 차이가 있어 보통 등은 짙은 남색 바탕에 붉은색, 주황색 및 노랑색의 불규칙한 무늬가 산재해 있다. 반면 배는 밝은 주황색을 띠고 있다. 별불가사리는 잘 발달한 관족을 이용하여 움직이고, 서식기질에서 탈락하여 몸이 뒤집혀도 관족을 이용해 쉽게 원 상태로 돌아간다. 별불가사리의 서식처는 연안의 얕은 바다의 암초와 모래자갈 등이다. 별불가사리는 해적생물로 잘 알려져 있고, 굴, 전복 및 조개류 등의 양식장에 피해를 입히는 대표적인 종으로 인위적인 구제작업의 대상 생물이다. 개체는 주로 고둥류, 조개류, 갯지렁이류 및 퇴적물의 유기물 등을 먹는다.

아무르불가사리는 차극목(Forcipulatida), 불가사리과(Asteriidae)에 속하는 생물이다. 아무르불가사리의 다리는 보통 5개가 있으나 간혹 6개인 것을 관찰할 수 있다. 몸의 배는 편평하며, 등은 낮고 둥그런 모양이다. 체색은 개체마다 차이가 있으나, 일반적으로 노란색 또는 보라색을 띠며 무늬가 있는 것도 관찰할 수 있다. 아무르불가사리의 서식처는 조간대에서부터 조하대의 암반이나 펄바닥 등 광범위한 공간분포를 나타낸다. 아무르불가사리는 수온이 낮은 겨울에는 움직임이 활발해지고, 반대로 여름에는 연안보다는 수심이 보다 깊은 곳으로 이동해서 여름잠을 잔다. 아무르불가사리는 조개를 잡아먹을 때 팔 밑에 무수히 붙어 있는 관족으로 조가비를 벌린 후 위장을 뒤집은 채 밀어 넣는다. 그 후 조개 몸속으로 들어간 위장의 소화효소로 조갯살을 녹여 영양분을 흡수하는 형태를 보인다. 아무르불가사리의 성체가 1일 동안에 먹는 해양생물의 양은 매우 많아 생태계에 미치는 영향이 매우 큰 것으로 알려져 있다. 아무르불가사리는 해적생물로 잘 알려져 있고, 큰 크기의 조개류에서 고둥류 및 게류 등 거의 모든 해양생물을 종류에 상관없이 비선택적으로 먹는 강력한 포식성을 가지고 있다. 따라서 연안역의 패류양식장에 막대한 피해를 입히는 대표적인 종으로 인위적인 구제작업의 대상생물이다.

자산어보(개부전)	추정 가능생물	생태사진
1) 큰 놈은 지름이 한 자 정도로 유자껍질과 같다. 2) 구석의 뿔은 일정하지 않으나, 서넛 혹은 대여섯 개가 나와 있는 양이 단풍나무 잎과 같다. 3) 두께는 사람 손과 같으며, 빛깔은 푸르고 매우 선명하다. 4) 배는 노랗고 입은 가운데에 있으며, 뿔끝에는 좁쌀 같은 것들이 붙어 있어 마치 문어의 흡판과 같은데, 이것으로 돌에 부착한다. 5) 배 안에는 장이 없는 것이 오이속과 비슷하다. 6) 암석에 붙어 있기를 좋아한다.	별불가사리 (*Patiria pectinifera*)	
1) 뿔이 셋인 놈은 물 밑 바닥을 떠나지 않는다. 2) 지름은 3~4자로서 그 뿔이 길게 나와 있으며, 몸이 매우 작고 등은 두꺼비를 닮아 거칠다. 3) 진황색과 진흑색이 서로 엇갈린 콩알 만한 반점이 어지럽게 나타나 있다.	아무르불가사리 (*Asterias amurensis*)	

1.2.1.4 해조(도약옆새우류, *Talitridae amphipod* 또는 모래무지벌레, *Excirolana chitoni*)

도약옆새우류는 단각목(Amphipoda), 도약옆새우과(Talitridae)에 속하는 생물이다. 몸길이가 5~30mm에 해당하며 형태적으로 좌우로 납작하다. 몸은 머리, 가슴 및 배로 구성되었고, 가슴과 배에는 각각 7개와 6개의 마디가 있다. 머리에는 보통 2쌍의 촉각과 1쌍의 겹눈, 입이 있다. 가슴다리는 7쌍이며, 제1과 2가슴다리는 갈고리 손톱모양의 턱다리로 먹이를 잡거나 교미할 때 이용된다. 개체의 경우에 수컷이 암컷보다 보편적으로 크다. 알은 암컷 흉강의 보육방에서 발생하여 성체와 거의 비슷한 크기에서 부화한다. 해양생태계에서 어류의 주요 먹이로 고려되고 있다. 모래무지벌레는 등각목(Isopoda), 모래무지벌레과(Cirolanidae)에 속하는 생물이다. 본 종은 생태적인 특성이 특별히 잘 묘사되고 있지 않아서 등각류의 일반적인 특성을 기술하고자 한다. 등각류는 몸길이가 통상 1~2cm 내외로 형태적으로 복안, 더듬이, 체절로 구성되어 있다. 등각류는 몸에 있는 부속지의 형태가 매우 닮아서 유래한 용어로 볼 수 있다. 한편 배에 있는 부속지는 헤엄을 치거나 또는 호흡활동을 위해 사용하는 부속지로 복지라 한다. 몸의 앞부분에 입이 있고, 조간대에서 부패물을 먹는다.

자산어보(해조)	추정 가능생물	생태사진
1) 크기는 밥알 만 하고 잘 뛴다. 2) 새우와 비슷하게 생겼지만 수염이 없다.	갯가톡톡벌레 (Talitrid amphipod)	
물 밑바닥에 있다가 죽은 물고기를 보면 뼈 속으로 들어가 고깃살을 뜯어먹는다.	모래무지벌레 (*Excirolana chiltoni*)	

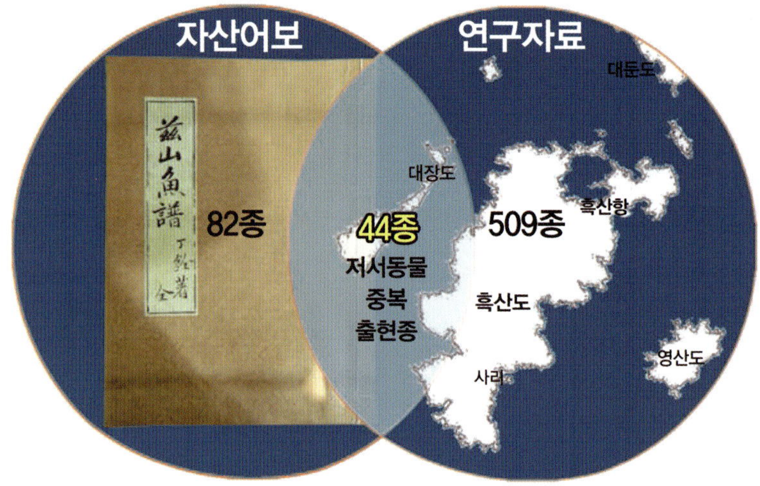

자산어보와 본 조사의 저서동물 출현종 비교

Phylum Arthropoda	절지동물문	국명	Phylum Mollusca	연체동물문	국명
Malacostraca	갑각강		Bivalvia	이매패류	
Cirripedia	만각류		*Phacosoma japonicus*		떡조개
Capitulum mitella		거북손	*Saccostrea kegaki*		가시굴
Tetraclita japonica		검은큰따개비	Gastropoda	복족류	
Anomura	집게류		*Acmaea pallida*		흰삿갓조개
Upogebia major		쏙	*Aplysia kurodai*		군소
Brachyura	게류		*Cellana grata*		진주배말
Charybdis japonica		민꽃게	*Ceratostoma sp.*		–
Gaetice depressus		납작게	*Chlorostoma xanthostigma*		명주고둥
Hemigrapsus penicillatus		풀게	*Collisella dorsuosa*		두드럭배말
Hemigrapsus sanguineus		무늬발게	*Lunella coreensis*		눈알고둥
Portunus trituberculatus		꽃게	*Monodonta labio confusa*		개울타리고둥
Pugettia quadridens		뿔물맞이게	*Haliotis discus*		둥근전복
Macrura	새우류		*Notoacmea schrenkii*		배무래기
Fenneropenaeus chinensis		대하	*Omphalius rusticus*		보말고둥
Isopoda	등각류		*Rapana venosa*		피뿔고둥
Ligia exotica		갯강구	*Thylacodes imbricatus*		큰뱀고둥
Phylum Echinodermata	**극피동물문**	**국명**	*Reishia bronni*		두드럭고둥
Echinoidea	성게류		*Cephalopoda*		두족류
Heliocidaris crassispina		보라성게	*Octopus minor*		낙지
Hemicentrotus pulcherrimus		말똥성게	*Amphioctopus fangsiao*		주꾸미
Holothuroidea	해삼류		*Sepia esculenta*		참갑오징어
Apostichopus japonicus		돌기해삼	Polyplacophora	다판류	
Asteroidea	불가사리류		*Acanthopleura japonica*		군부
Asterias amurensis		아무르불가사리	**Phylum Cnidaria**	**자포동물문**	**국명**
Patiria pectinifera		별불가사리	*Anthopleura sp.*		–
Phylum Mollusca	**연체동물문**	**국명**	*Haliplanella lineata*		담황줄말미잘
Bivalvia	이매패류		*Melithaea flabellifera*		부채꼴산호
Crassostrea gigas		굴	*Nemopilema nomurai*		노무라입깃해파리
Modiolus agripetus		개적구	**Phylum Chordata**	**척삭동물문**	**국명**
Mytilus coruscus		홍합	*Styela clava*		미더덕

한편 자산어보에는 펄-모래 퇴적물에서 주로 살아가는 가리맛조개, 가무락조개 및 낙지 등의 연체동물과 농게, 칠게 및 달랑게 등의 절지동물이 다수 기록되고 있다. 특히 이들 종들은 살아가는 서식처의 퇴적물이 펄 또는 모래일 경우에 주로 출현하는 생물들이라는 공통점이 있다. 그렇다면 상기에서 언급하고 있는 종들이 어떻게 해서 자산어보에 수록된 것일까? 이것은 다음의 가정으로 추론해 볼 수 있다.

첫째, 흑산도 주변해역에는 펄 또는 모래퇴적물이 잘 발달한 갯벌로 형성된 섬들이 많다. 따라서 저서동물의 생활사 일부시기인 부유유생기에 해류 및 조류의 흐름에 편승하여 자연적으로 흑산도로의 유입이 이루어졌을 가능성이다. 따라서 이들 생물이 서식했다면 기본적으로 흑산도로 유입된 생물들이 섬 주변에 잘 정착을 했다는 가정이 있어야 한다. 그럼에도 불구하고 당시에 관찰되었던 생물들이 현재 관찰되지 않거나 또는 어획되지 않는다는 점에서 이러한 가정은 충족되지 않을 개연성이 높다. 결국 자연유입설은 비교적 그 가능성이 적다고 판단된다.

둘째, 유암총서에서정약전이기술한 '표해시말(漂海始末)'에 따르면, 우이도에 살고 있는 문순득이라는 어민이 흑산도로 홍어를 사러 갔다가 풍랑을 만나 표류하게 되는 여정이 자세하게 기술되고 있다. 홍어의 구입목적은 아마도 육지로의 판매를 위한 경제활동 수단의 일환으로 문순득이 중간상인으로서 역할을 담당한 것으로 추정할 수 있다.

한편 이와 같이 교역에 의한 활동뿐 만 아니라 정약전과 문순득이 살았던 조선후기에는 물물교환의 경제활동이 성행하고 있었고, 홍어구입을 위해서 흑산도에는 서식하지 않는 수산물을 경제활동의 대상물로 취급하였을 가능성이 있다. 특히 우이도, 비금도 및 도초도는 거리상으로 32~41km의 범위를 보이고 있다. 또한 3개의 섬에는 펄 및 모래갯벌이 잘 발달하고 있어 펄모래 갯벌에서 서식하는 생물이 다수 서식했을 가능성이 높다. 따라서 조선후기 수산물의 효과적인 보관이 용이하지 않았다는 측면에서 육지로의 판매보다는 비교적 지리적으로 가까운 흑산도에서의 소비가 보다 더 유리하였을 것으로 추정된다. 또한 이러한 매매 및 물물교환의 행위는 문순득을 포함한 여타 어민도 수행하였을 것으로 추측할 수 있다. 결국 자산어보에서 다수 소개되고 있는 펄-모래갯벌의 수산자원생물은 충분히 경제활동을 통해서 흑산도로 옮겨갔을 개연성이 매우 높다고 판단된다.

한편 고동환(2013)의 〈조선후기 연안항해와 외양항로의 개척〉이라는 논문에 의하면, 조선 후기 육지로부터 약 80~100km 떨어진 제주도에서 전라남도의 강진이나 해남까지의 항해에 하루가 소요되었다는 기록이 있다. 따라서 흑산도로 향하는 바다가 비교적 외양에 속한다는 점과 기존 섬과 제주도와의 이격거리 등을 비교해 볼 때 인근 유인도에서 흑산도로의 항해와 그에 따른 해산물 유입은 충분히 가능하여 두 번째 추론이 보다 신빙성 있는 것으로 판단된다.

자산어보에 소개되고 있는 펄-모래 퇴적물에서의 저서동물(1열의 왼쪽부터 시계방향으로 가리맛조개, 가무락조개, 말백합, 새조개, 꼬막, 새꼬막, 주꾸미, 낙지, 두토막눈썹참갯지렁이, 농게, 칠게, 길게)

조선후기 연안항해와 외양항로의 개척 (고동환, 2013)

1.2.2 어류

어류의 경우 자산어보에 기록된 112개 어명을 본 조사에서 채집된 95종의 어류 및 이전 문헌과 비교한 결과, 110종이 현재 통용되는 어명으로 추정되었으며 인류와 무린류는 각각 79종, 31종이었다. 인류 중, 본 조사에서 채집된 어류와 일치하는 종은 참조기(Larimichthys polyactis) 등 52종이었고 무린류에서는 참홍어(Raja pulchra) 등 18종이 일치하였다. 나머지 종은 문헌 및 방언에 근거하여 추정하였다.

자산어보에 수록된 82종의 인류(Scaled fish)와 21세기 본 조사에서 채집된 어류와의 비교

No.	자산어보에 수록된 어명	21세기 본 조사에서 채집된 또는 추정된 어류	
	김홍석(2008)	국명	학명
1	개웃	민어	*Miichthys miiuy*
2	민어	민어	*Miichthys miiuy*
3	조긔어	참조기	*Larimichthys polyactis*
4	보구치	보구치	*Pennahia argentata*
5	반애	보구치	*Pennahia argentata*
6	황새기	눈강달이	*Collichthys niveatus*
7	슝어	가숭어	*Chelon haematocheilus*
8	등기리	가숭어	*Chelon haematocheilus*
9	모치/모쟁이	가숭어	*Chelon haematocheilus*
10	사릉이	숭어	*Mugil cephalus*
11-1	보농어/껄떡이	농어	*Lateolabrax japonicus*
11-2	보농어/껄떡이	점농어	*Lateolabrax maculatus*
12	도미	참돔	*Pagrus major*
13	감생이	감성돔	*Acanthopagrus schlegelii*
14	옹이	혹돔	*Semicossyphus reticulatus*
15	닥도미	고평선이	*Hapalogenys mucronatus*
16	북도미	청돔	*Sparus sarba*
17	강성어	눈볼대	*Doederleinia berycoides*
18	준치	준치	*Ilisha elongata*
19	고등어	고등어	*Scomber japonicus*
20	도돔발	고등어	*Scomber japonicus*
21-1	가고도어	가라지	*Decapterus maruadsi*
21-2	가고도어	전갱이	*Trachurus japonicus*
22	배학어	몽치다래	*Auxis rochei*
23	청어	청어	*Clupea pallasii*
24	먹을충	대구	*Gadus macrocephalus*
25	우동피리	빙어	*Seriola quinqueradiata*
26	관목청	청어	*Clupea pallasii*

27	기름상어	곱상어	*Squalus acanthias*
28	참상어	모조리상어	*Squalus megalops*
29	민둥상어	모조리상어	*Squalus megalops*
30	박죽상어	모조리상어	*Squalus megalops*
31	돔발상어	모조리상어	*Squalus megalops*
32	게상어	별상어	*Mustelus manazo*
33	죽상어	까치상어	*Triakis scyllium*
34	비그니	복상어	*Cephaloscyllium umbratile*
35	전대미	두톱상어	*Scyliorhinus torazame*
36	애래기	별상어	*Mustelus manazo*
37	줄상어	톱상어	*Pristiophorus japonicus*
38	모도리	청상아리	*Isurus oxyrinchus*
39	제리	전자리상어	*Squatina japonica*
40	귀안상어	귀상어	*Sphyrna zygaena*
41	단도롱	괭이상어	*Heterodontus japonicus*
42	은상어	은상어	*Chimaera phantasma*
43	환도상어	환도상어	*Alopias pelagicus*
44	세우	백상아리	*Carcharodon carcharias*
45	철갑장군	철갑상어	*Acipenser sinensis*
46	종절입	철갑상어	*Acipenser sinensis*
47	검처귀	조피볼락	*Sebastes schlegelii*
48	등데기	쏨뱅이	*Sebastiscus marmoratus*
49	응자리	황해볼락	*Sebastes koreanus*
50	발락	띠볼락	*Sebastes zonatus*
51	맹춘어	불볼락	*Sebastes thompsoni*
52	뿍저구	붉은쏨뱅이	*Sebastiscus tertius*
53	아구	황아귀	*Lophius litulon*
54	쏜치	미역치	*Hypodytes rubripinnis*
55	광어	넙치	*Paralichthys olivaceus*
56-1	가재미	물가자미	*Eopsetta grigorjewi*
56-2	가재미	문치가자미	*Pleuronectes yokohamae*
56-3	가재미	찰가자미	*Microstomus achne*
57-1	허대	개서대	*Cynoglossus robustus*
57-2	허대	참서대	*Cynoglossus joyneri*
58	돌장대	흑대기	*Paraplagusia japonica*
59	해풍대	흑대기	*Paraplagusia japonica*
60	우셔대	각시서대	*Pseudaesopia japonica*
61	투수매	노랑각시서대	*Zebrias fasciatus*

62	박대	박대	*Cynoglossus semilaevis*
63	망치	망상어	*Ditrema temminckii*
64	위어	싱어	*Coilia mystus*
65	송어/반당이	밴댕이	*Sardinella zunasi*
66	망어	삼치	*Scomberomorus niphonius*
67	대시어	재방어	*Scomberomorus sinensis*
68	승대어	성대	*Chelidonichthys spinosus*
69-1	장대어	양태	*Platycephalus indicus*
69-2	장대어	까지양태	*Cociella crocodila*
70	비어	날치	*Cheilopogon agoo*
71	이어	쥐노래미	*Hexagrammos otakii*
72	서어	노래미	*Hexagrammos agrammus*
73	전어	전어	*Konosirus punctatus*
74-1	편어	덕대	*Pampus echinogaster*
74-2	편어	병어	*Pampus argenteus*
75	추어	멸치	*Engraulis japonicus*
76	증우리	정어리	*Sardinops melanostictus*
77-1	반도멸	풀반지	*Thryssa hamiltonii*
77-2	반도멸	반지	*Setipinna tenuifilis*
77-3	반도멸	청멸	*Thryssa kammalensis*
78	공멸	까나리	*Ammodytes personatus*
79	말뚝멸	날매퉁이	*Saurida elongata*
80	무조어	문절망둑	*Acanthogobius flavimanus*
81	장동어	말뚝망둥어	*Periophthalmus modestus*
82	슈염어	삼세기	*Hemitripterus villosus*

자산어보에 수록된 30종의 무린류(Scaless fish)와 21세기 본 조사에서 채집된 어류와의 비교

No.	자산어보에 수록된 어명	21세기 본 조사에서 채집된 또는 추정된 어류	
	김홍석(2008)	국명	학명
1	홍어	참홍어	*Raja pulchra*
2	발급어	홍어	*Okamejei kenojei*
3	간재미	홍어	*Okamejei kenojei*
4	청가오리	청달내가오리	*Dasyatis zugei*
5	먹가오리	흑가오리	*Dasyatis matsubarai*
6	황가오리	노랑가오리	*Dasyatis akajei*
7	쇼라가오리	꽁지가오리	*Neotrygon kuhlii*
8	매가오리	매가오리	*Myliobatis tobijei*
9	쨩어	바다뱀	*Ophisurus macrorhynchos*
10	붕장어	붕장어	*Conger myriaster*
11	갯장어	갈창갯장어	*Muraenesox bagio*
12	대광어	왜도라치	*Chirolophis wui*
13	미여기	꼼치	*Liparis tanakae*
14	홍달어	베도라치	*Pholis nebulosa*
15	포도미여기	그물베도라치	*Dictyosoma burgeri*
16-1	골망딩이	등가시치	*Zoarces gillii*
16-2	골망딩이	무점등가시치	*Zoarces elongates*
17-1	검복	자주복	*Takifugu rubripes*
17-2	검복	참복	*Takifugu chinensis*
17-3	검복	흰점참복	*Takifugu pseudommus*
18	가치복	까치복	*Takifugu xanthopterus*
19	밀복	졸복	*Takifugu pardalis*
20	까칠복	은밀복	*Lagocephalus wheeleri*
21	졸복	복섬	*Takifugu niphobles*
22	가시복	가시복	*Diodon holocanthus*
23	한복	은띠복	*Lagocephalus sceleratus*
24	사방어	육각복	*Kentrocapros aculeatus*
25	곳제륙	철갑상어	*Acipenser sinensis*
26	뱅어	도화뱅어	*Neosalanx anderssoni*
27	공치	학공치	*Hyporhamphus sajori*
28	갈치	갈치	*Trichiurus japonicus*
29	한새치	동갈치	*Strongylura anastomella*
30	삼천발이	빨강부치	*Halieutaea stellata*

또한, 본 연구에서는 풀미역치(*Erisphex pottii*), 깃비늘치(*Benthosema pterotum*), 당멸치(*Elops hawaiensis*)를 포함한 자산어보에는 수록되지 않았던 26종의 어류가 채집되었다. 26종의 어류 중에서, 풀미역치, 일곱동갈망둑(*Pterogobius zacalles*), 도화 망둑(*Amblychaeturichthys hexanema*), 쉬쉬망둑(*Chaeturichthys stigmatias*), 꾹저구(*Chaenogobius urotaenia*)는 작은 크기 또는 상업적으로 이용가치가 없었기 때문에 자산어보에는 수록되지 않았을 것이며, 깃비늘치, 민달고기(*Zenopsis nebulosa*), 반딧불게르치(*Acropoma japonicum*), 얼룩통구멍(*Uranoscopus japonicus*)은 깊은 수심에 서식하는 생태특징 때문에 자산어보에는 수록되지 않았을 것이다. 나머지 당멸치, 일지말락쏠치(*Minous monodactylus*), 샛돔(*Psenopsis anomala*), 독가시치(*Siganus fuscescens*)를 포함한 16종은 열대 및 아열대 지역에 서식하는 어류로 최근 환경변화에 따라 흑산도 주변해역에서 새롭게 출현한 어류로 생각된다.

아열대 출현어종

1.3 현대의 과학으로 풀어본 흑산도 출현 어류 - 유전자 분석

◎ 쏨뱅이(*Sebastiscus marmoratus*)와 붉은쏨뱅이(*Sebastiscus tertius*)

자산어보에는 여러 종의 양볼락과(Family Scorpaenidae) 어류가 수록되어 있으며, 그중에서 등덕어는 검붉은 체색을, 복제어는 밝은 붉은색을 띠는 것으로 기술되어 있다.

본 조사에서 양볼락과에 속하는 쏨뱅이속 어류가 채집되었다. 쏨뱅이속 어류는 국내에 3종(쏨뱅이, 붉은쏨뱅이, 붉감펭)이 보고되어 있으며, 특히 쏨뱅이와 붉은쏨뱅이는 붉은색의 체색을 가지고, 형태적으로 매우 유사해서 종종 오동정 되는 경우가 있다. 본 연구에서는 흑산도에서 서식하는 쏨뱅이속 어류 2종을 유전자 분석을 통해서 정확히 종 동정하였다.

흑산도에서 채집된 쏨뱅이속 어류 2종 (위쪽: 붉은쏨뱅이, 아래쪽: 쏨뱅이)

흑산도 하계 조사에서 채집된 쏨뱅이속 어류 5개체에 대해서 미토콘드리아 DNA cytochrome oxidase subunit I (mtDNA COI)영역을 universal primer를 이용하여 증폭하였다. 증폭 결과, 총 399bp를 얻을 수 있었으며, 염기서열을 부경대학교 어류학 실험실에 등록되어 있는 양볼락과 어류와 비교, 분석하였다. 분석 결과, 흑산도에서 채집된 쏨뱅이속 어류 5개체는 쏨뱅이와 붉은쏨뱅이 2종으로 나뉘어졌다. 따라서 흑산도에는 쏨뱅이속 어류 2종이 모두 분포하는 것으로 확인되었다.

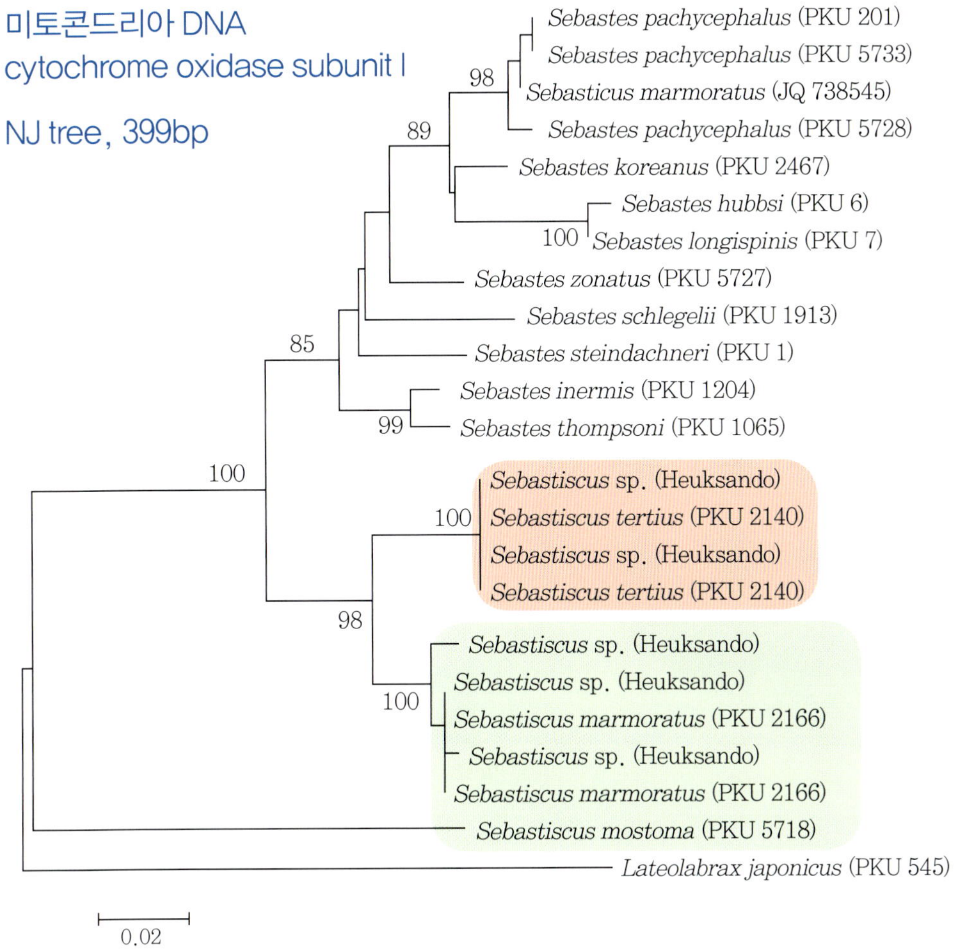

흑산도에서 채집된 쏨뱅이속 어류의 mtDNA COI 영역의 근린결합수

붉은쏨뱅이와 쏨뱅이는 겉모습이 매우 유사하기 때문에 오동정 되기 쉬운 종들이나, 정약전은 자산어보에서 두 종을 형태적 특징에 근거하여 정확하게 분류하고 있다. 본 연구에서는 형태특징 뿐만 아니라, 유전분석 결과에 근거해서 자산어보에 수록되었던 쏨뱅이속 어류 2종이 흑산도 주변해역에 서식한다는 것을 확인하였다.

◎ 흑가오리(*Dasyatis matsubarai*)

자산어보에는 5종의 가오리류 어류(청가오리, 먹가오리, 황가오리 등)가 수록되어 있으며, 이들은 대부분 자신이 가지고 있는 체색을 바탕으로 이름이 불린 듯하다. 현재의 어류 분류체계에도 체색을 바탕으로 한 가오리류 어류의 분류군이 있는데 바로 색가오리과(Family Dasyatidae)이다. 색가오리과는 국내에 노랑가오리, 흑가오리 등 6종이 알려져 있다.

본 연구에서는 색가오리과 어류 2종이 채집되었으며, 이 중에서 체색이 검은 색가오리과 어류를 대상으로 유전자 분석을 실시하였다. 미토콘드리아 DNA의 COI 영역에서 488bp를 얻을 수 있었으며, 이를 NCBI(National Center for Biotechnology Information)에 등록된 색가오리과 어류와 비교, 분석하였다. 분석 결과, 흑산도에서 채집된 색가오리과 어류는 흑가오리로 동정되었다.

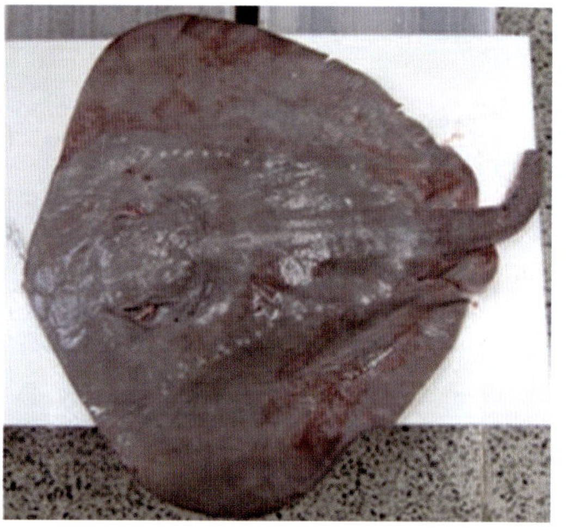

정약전은 자산어보에서 먹가오리를 '청가오리와 비슷하나 빛깔이 검은 점이 다르다' 라고 기술하고 있다. 본 연구에서는 흑산도에서 채집된 검은색 색가오리과 어류를 형태 및 유전자 분석결과에 근거하여 흑가오리로 동정하였으며. 이를 통해 정약전이 먹가오리로 기술했던 어류가 흑가오리임을 확인할 수 있었다.

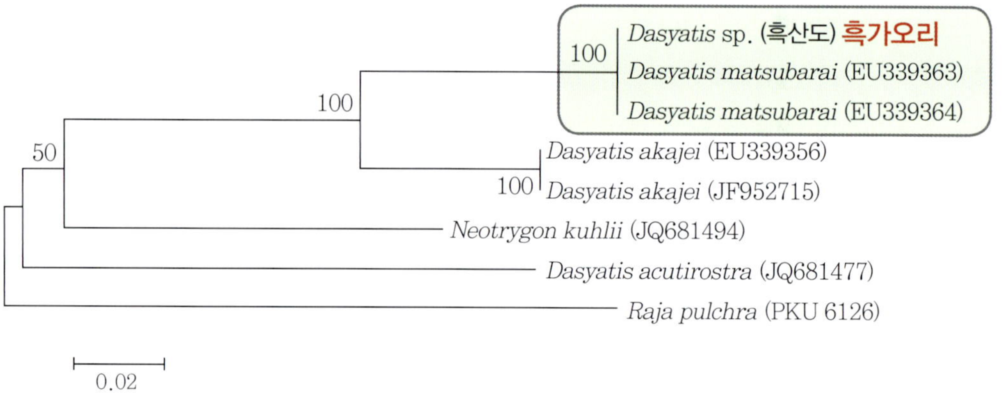

흑산도에서 채집된 흑가오리의 mtDNA COI 영역의 근린결합수

2. 흑산도에서 세계로, 미래로

2.1 맺는글(총론적 개념)

찰스다윈(Charles Darwin)은 1809년 영국의 슈루즈베리(Shurewsbury)에서 태어나, 그의 나이 50세 되던 해인 1859년에 종의 기원(On the Origin of Species)을 출간하였다. 지난 2009년은 다윈의 탄생과 그의 대표 저서출간이 각각 200년과 150년이 된 해로서 전 세계 곳곳에서 '다윈의 해' 를 기념하는 다채로운 행사와 사업들이 진행되었다.

한편 다윈이 다섯 살 되던 해인 1814년, 우리나라의 정약전 선생은 자산어보를 세상에 내놓았다. 2014년은 자산어보 출간(1814년)의 200주년을 맞이한 해로서, **'정약전의 해'** 로 크게 기념할 만한 해였다. 해양수산부 국립수산과학원은 정약전의 자산어보 200주년을 기념하기 위하여, 200년 만에 흑산도 주변 해역의 해양생물에 대한 과학조사를 봄, 여름, 가을, 겨울에 걸쳐 실시하였다.

여기, 그 결과를 정리하여 **「新자산어보」**를 출간한다. 나아가 해양수산부에서는 동북아시아의 해양수산과학 수준을 한 단계 높이기 위한 **'新자산어보 프로젝트'** 라는 대형 연구개발(R&D)과제를 기획하여, 사업수행에 대한 타당성 검토를 추진하였다. 우리나라 해양과 수산분야의 R&D발전에 크게 기여 할수 있는 계기가 될 수 있을 것이다.

향후 우리나라는 영국이 와이빌 톰슨을 내세워 대규모의 해양탐사(1872~1876년)를 통해 발간한 '챌랜져 보고서(Challenger Report, 전 50권, 1880~1895년)' 의 200주년을 기념하기 위한 '전 지구 해양 과학탐사' 를 주도적으로 기획하고 추진함으로써, 우리나라의 해양국력을 전 세계에 알릴 수 있는 계기를 마련할 것을 제안한다. 이를 기반으로 대한민국의 국운을 넓히고 세계 제일의 해양수산과학 강국으로 발돋움 할 수 있기를 희망한다.

끝으로 **「新자산어보」**는 과학기술과 문화컨텐츠 · SW · 인문예술이 융합된 기초산물로서, 우리나라가 창조 경제를 이룰 수 있는 지름길을 안내하는 조그마한 '지침서' 가 되기를 기대한다.

2.2 감사의 글

먼저 이러한 책을 낼 수 있는 계기를 만들어 주신 200년 전의 해양생태학자 손암 정약전 선생님께 감사의 말씀을 드린다. 힘든 유배생활에도 불구하고 여러 유용 수산생물에 대해 관심을 가지고 이를 글로 풀어내 주셨기 때문에 지금의 책이 만들어질 수 있다.

「新자산어보」라는 책을 만들기 위해서는 흑산도 주변의 해양환경과 생물조사가 필수적인데, 이를 가능하게 지원해주시고 많은 관심을 가져주신 해양수산부 여러분, 특히 손재학 전 차관님, 김영석 차관님, 강준석 국립수산과학원 원장님, 정영훈 수산정책실 실장님, 오광석 국제협력총괄 과장님께 감사드린다. 국립수산과학원 내부에서도 격려를 아끼지 않으신 전임 연구기획부장(김영섭, 손상규)님과 최우정 연구기획부장님, 그리고 강영실 수산자원관리공단 이사장님께도 감사드린다.

이 책이 만들어지기까지는 여러분들의 수고가 함께 하였다. 흑산도에서 많은 도움을 주신 수산자원관리공단 임금숙님, 흑산도 화력발전소 이영일 님께 깊은 감사를 드린다. 현지에서 시료 채집에 도움을 주신 흑산도 수협 위판장 박학준 님, 사리어촌계 박종식 님, 박요셉 님, 예리어촌계 장일현 님께도 감사의 마음을 전하고 싶다. 그 외 도움 주신 국립수산과학원 조현수 님, 신안군 나종태 님께도 감사드린다.

현장에서 채집을 하느라 고생한 국립수산과학원 수산해양종합정보과 생물다양성정보실의 문성용 박사님, 윤상철, 이도경, 박경우, 김민정, 김봉주, 신민경, 김아람 연구원과 위성자료 정리에 도움을 주신 안지숙, 박명희 박사님께도 감사드린다. 책의 최종교정을 도와주신 김주희 연구원께도 감사드린다. 또한 저서 생물연구센터의 이선심, 박규진, 김연정, 박성조, 조은선 연구원과 오션테크해양연구소의 정병기 연구원께도 감사의 말씀을 전한다.

우리원의 연구사업과 적조, 해파리, 방사능, 냉수대 등 현안문제에 묵묵히 대응하여 주셨던 윤석현, 윤원득, 황재동, 조은섭, 한인성, 이준수, 한창훈 박사님 그리고 해양수산 분야 학문의 대선배이신 공영 박사님께도 심심한 감사의 말씀을 드린다.

손암 정약전 선생의 삶을 조명하던 중 많은 인문학 저서 부분을 인용하게 되었다. 인용에 흔쾌히 허락해 주신 「바다를 품은 책 자산어보」의 저자이신 손택수 시인님, 「정약용과 그의 형제들」의 저자이신 다산역사문화소의 이덕일 소장님, 「유배지에서 보낸 편지」의 저자이신 박석무님, 장편소설 「자산 정약전」의 저자이신 김영주님께 깊은 감사의 말씀 드린다.

마지막으로 이 책이 완성되기까지 지원해 주신 아카데미서적의 주성필 사장님과 주희완 발행인께도 감사드린다.

대표저자 서영상

참고문헌

고광민. 2012. 흑산군도 사람들의 삶과 도구 - 섬의 생활도구. 민속원. 235p.

고동률. 2002. 홍도와 흑산도. 대원사. 128p.

고동환. 2013. 조선후기 연안항해와 외양항로의 개척. 동방학지, 161, 287~324.

공영, 서영상. 2012. 기후변화와 어류(역서: 원서 및 원저자-Climate Change and Fish written by Kawasaki T) 아카데미서적. 180p.

공영, 서영상, 성기탁, 한인성. 2010. 기후변화와 해양생태계. 아카데미서적. 278p.

국립공원연구원. 2009. 다도해해상국립공원 자연자원조사(하). 1,595p.

국립수산과학원. 2005. 수변정담. 한글그라픽스. 187p.

국립수산과학원. 2010. 연근해 주요 어업자원의 생태와 어장. 예문사, 부산, 384p.

국토해양부, 국립수산과학원 해양생태계조사사업단. 2009. 해양생태계기본조사-서해남부 (35.5° N 영광 ~ 34.5° N 진도). 헥스건디자인, 부산. 692p.

금장태. 1999. 한국실학의 집대성 정약용. 성균관대학교출판부. 382p.

김영주. 2011. 자산 정약전. 이리. 320p.

김웅서. 2007. 바다의 방랑자 플랑크톤. 지성사. 151p.

김진구,유정화, 김성, 이동우, 최광호, 오택윤, 황강석, 최정화, 김정년, 권혁준, 지환성, 오지나. 2011. 난 · 자치어 분류기술서. 한글그라픽스. 275p.

심재형. 2004. 플랑크톤 생태학. 서울대학교출판부. 382p.

박준원. 2004. 우해이어보 (역서: 원저자-김려). 다운샘. 207p.

김홍석. 2008. 우해이어보와 자산어보 연구. 한국문화사. 249p.

김훈. 2011. 흑산. 학고재. 407p.

목포대학교 도서문화연구소. 2013. 도서 문화유적 지표조사 및 자원화 연구 3 -흑산면편-. 신안군. 257p.

문동혁, 이희일, 신경훈, 도진영, 조현구. 2009. 정량X선회절분석법을 이용한 황해 남동부, 한국남해 및 제주도 남단 표층퇴적물의 광물분포 연구. 한국광물학회지, 22(1): 49~61.

민승환, 서영상, 박종우, 황재동. 2013. 조선왕조실록의 적조(HABS)고찰. 한국지리정보학회지, 16(4): 120~140.

박석무. 2009 .유배지에서 보낸 편지 (역서: 원저자 - 정약용). 창비. 330p

박차수, 연인자. 1981. 한국 동해산과 서해산 청어간의 형태비교. 국립수산진흥원 연구보고(별책), 27: 103~109.

박창현, 염미정, 엄창섭. 2003. 돋보기에서 FE까지 현미경의 변천사-생명과학의 관점에서-. 한국전자현미경학회지, 33: 93~104.

서영상. 2011. 우리나라 고문의 어류이야기와 시. 부산시인. 188~195.

서영상. 2015. 뼈대있는 물고기, 멸치 이야기. 부산시인(계간) 봄호. 162~172.

서영상 등. 2011. 해양생태계 기본조사보고서. 국토해양부. 927p.

서영상 등. 2011. 2011년 해양생물표본확보사업보고서. 국토해양부. 308p.

서영상 등. 2012. 2012년 해양생물표본확보사업보고서. 국토해양부. 324p.

서영상, 윤석현, 정미희, 서인수, 최병미, 박진호, 김미향, 최창근, 김진구, 유정화, 이수정. 2013. 자산어보와 21세기-여름과 가을 흑산도 생물상. 국립수산과학원. 129p.

서유구. 1840(추정). 전어지, 임원경제지.

손택수. 2006. 바다를 품은 책 자산어보. 아이세움. 230p.

수협중앙회. 2000. 한국 수산물 명산품 총람. 수협문화사, 서울, 462p.

신안군. 1998. 해설 현산어보. 한국홍보기획공사, 377p.

신안문화원. 2005. 유암총서(역서:원저자-정약전, 이강회)

심재형. 1994. 한국동식물도감. 34권 식물편(해양식물플랑크톤). 교육부. 487p.

심재형. 2003. 플랑크톤 생태학. 서울대학교 출판부.382p.

오세영. 2012. 소설 자산어보. 문예 춘추사. 상~하권.

윤석현, 최중기. 2003. 경기만 동물플랑크톤 군집의 시 · 공간적 분포. 한국해양학회지 바다, 8(3): 243~250.

이덕일. 2012. 정약용과 그의 형제들 1~2권. 다산초당.

이태원. 2003. 현산어보를 찾아서. 1~5권. 청어람미디어.

전광용. 2010. 전광용 작품집 - 흑산도. 지식을 만드는 지식. 25~49.

정문기. 1977. 자산어보 - 흑산도의 물고기들. (역서:원저자-정약전)지식산업사. 226p.

정약전. 1814. 자산어보.

최성환. 2010. 유배인 김약행의 〈유대흑기〉를 통해 본 조선후기 대흑산도. 한국민족문화. 36: 139-177.

최윤. 1999. 상어. 지성사, 서울, 197p.
최재천. 2012. 다윈지능. 사이언스북출판사. 310p.
한창훈. 2010. 인생이 허기질 때 바다로 가라 - 내 밥상 위의 자산어보. 문학동네. 367p.
허균. 1611 . 도문대작. 성소부부고.
홍순탁. 1963. 자산어보와 흑산도 방언. 호남문화연구. 1: 75~104.

Carmelo RT. 1997. Identifying marine phytoplankton. Academic press. 858p.
Choi JK and JH Sim. 1986. The ecological study of phytoplankton in Kyeonggi Bay. Yellow Sea. I. Environmental characteristics, J. Korean Soc. Oceanogr. 21: 56~71.
Froese R and D Pauly. 2013. FishBase.World Wide Web electronic publication. www.fishbase.org, version (08/2013).
Fukui A, T Tsuchiya, K Sezaki and S Watabe. 2008. Pelagic eggs and larvae of *Coryphaenoides marginauts* (Gadiformes: Macrouridae) collected from Suruga Bay, Japan. Ichthyol. Res. 55: 284~293.
Gjosaeter J and S Tilseth. 1988. Spawning behaviour, egg and larval development of the myctophid fish *Benthosema pterotum*. Marine Biology. 98(1): 1~6.
Gwak WS and K Nakayama. 2011. Genetic variation and population structure of the Pacific cod *Gadus macrocephalus* in Korean waters revealed by mtDNA and msDNA markers. Fish Sci. 77: 945~952
Hoedt FE. 1992. Age and growth of a large tropical anchovy, *Thryssa hamiltoni* (Gary): a comparison of ageing techniques. Marine & Freshwater Research. 43(5): 953~971.
Kim IS, Choi Y, Lee CL, Lee YJ, Kim BJ and JH Kim. 2005. Illustrated Book of Korean Fishes. Kyohaksa, Seoul, Korea, 615p.
Kim JK, Park JY and YS Kim. 2006. Genetic diversity, relationship and demographic history of three geographic populations of *Ammodytes personatus* (Ammodytidae) from Korea inferred from mitochondrial DNA control region and 16S rRNA. Korea J. Genetics, 28(4):343~351.
Kim YS, Han KH, Kang CB and JB Kim. 2004. Commercial fishes of the coastal & offshore waters in Korea, second ed. Hanguel, Busan, Korea, 333p.
Kwun HJ, CB Kang and JK Kim. 2011. Redescription of the Hawaiian Ladyfish *Elops hawaiensis* from Korea. Korean Journal of Ichthyology. 23(1): 80~84.

Kwun HJ, YH Kim, JB Kim, CH Jeong and JK Kim. 2010. One unusual species, *Coilia* sp. (Engraulidae, Pisces) from the Yellow Sea. Animal Cells and Systems. 14(2): 137~145.

Okamura O and K Amaoka. 2004. Sea Fishes of Japan. Yamakei, Tokyo, Japan, 783p.

Sarpedonti V, D Ponton and CV Ching. 2000. Description and ontogeny of young *Stolephorus baganensis* and *Thryssa kammalensis*, two Engraulididae from Peninsular malaysia. Journal of Fish Biology. 56: 1460~1476.

Senou H, Suzuki T, Shibukawa K and K Yano. 2004. A photographic guide to the gobioid fishes of Japan. Heibonsha, Tokyo, Japan, 536p.

Yamada U, Tokimura M, Horikawa H and T Nakabo. 2007. Fishes and Fisheries of the East China and Yellow Seas. Tokai Univ. Press, Tokyo, Japan, 1262p.

Yoshino Y and H Senou. 2008. Sea Fishes of Japan. Yamakei, Tokyo, Japan, 543p.

www.jeonlado.com

신 자산어보

2015년 6월 5일 1판 1쇄 인쇄
2015년 6월 15일 1판 1쇄 발행

저 자 • 서영상
윤석현, 정미희
김진구, 유정화, 이수정
서인수, 최병미, 윤재성, 나종헌
박진호, 김미향, 최창근, 권천중
발행인 • 주희완
발행처 • 도서출판 아카데미서적
135-120 서울특별시 강남구 학동로 323
대표전화 • 02-516-3131 팩스 • 02-542-9254

e-mail • aca97@daum.net

ISBN 978-89-7616-512-1 93520

정가 25,000원

파본은 구입처에서 교환해 드립니다.